高等学校教材

工程制图习题集

(第五版)

主　编　余志林
副主编　俞　琼

上海大学出版社

·上海·

图书在版编目(CIP)数据

工程制图习题集 / 余志林主编 . —5 版 .—上海：
上海大学出版社，2014.6（2023.1重印）
ISBN 978-7-5671-1291-9

Ⅰ.①工… Ⅱ.①余… Ⅲ.①工程制图—高等学校—习题集 Ⅳ.① TB23-44

中国版本图书馆 CIP 数据核字（2014）第 108438 号

编辑/策划　许　铭　江振新
封面设计　柯国富
技术编辑　金　鑫　钱宇坤

工程制图习题集（第五版）

余志林　主编

上海大学出版社出版发行
（上海市上大路99号　邮政编码200444）
（http:// www.shupress.cn　发行热线 021-66135112）
出版人：戴骏豪

*

南京展望文化发展有限公司排版
上海华业装璜印刷厂有限公司印刷　各地新华书店经销
开本 787×1092　1/16　印张 16.75　字数 229 千字
2014 年 9 月第 5 版　2023 年 1 月第 6 次印刷
印数：29701~35800
ISBN 978-7-5671-1291-9/TB · 016　定价：35.00 元

内 容 提 要

　　本书根据高等学校工科制图课程教学指导委员会制定的制图课程教学基本要求，以及总结了作者多年来的教学经验编写而成。

　　主要内容有：图线与字体练习，几何作图与尺寸标注，点、线、面的投影及其相对位置，投影变换，立体投影，平面与立体相交，立体与立体相交，组合体视图的画图、看图和尺寸标注，视图、剖视图和断面图，轴测图，螺纹及其连接件，齿轮，技术要求，零件图，装配图等。

　　本书是《工程制图》（第二版）教材的配套习题集，可供高等院校机械类各专业的师生使用，作适当删节后也可以供非机械类专业师生使用，此外，还可以供业余大学、自学考试、函授大学的上述专业师生使用。

第五版前言

《工程制图习题集》(第五版)根据高等学校工科制图课程教学指导委员会制定的制图课程教学基本要求,并按照最新国家标准编写而成。为培养学生具有较强的工程意识和徒手绘草图、尺规图和计算机绘图能力,本习题集在第四版基础上对内容的编排重新做了调整,去掉了部分不适合的习题,同时又充实了部分新习题。对于计算机绘图作业,教师可以根据教学进度,适当选择绘制零件图、装配图或拆画零件工作图,上机完成。本习题集与已出版的《工程制图》(第二版)(余志林、俞琼主编,上海大学出版社,2013年)教材编排顺序一致,可配套使用。

本习题集既适用于高等院校机械类各专业,也适用于非机械类各专业的工程制图课程。使用时,可视各专业的要求、学时数的多少和教学方法的不同,对内容作适当的取舍。在大部分章节后附有自测题,既可供学生对所学章节自我检查,也可作为教师检查学生的测验题。

本习题集部分内容吸收和采纳了以往所编习题集和国内外教材、资料中的素材,在此谨向作者表示衷心感谢。

参加本习题集编写工作的人员按姓氏笔画顺序排列为严明、余志林、金天琍、俞琼、高琼、黄千红。参加修订工作的还有方建华、陈红、李爱美、沙凤龙、李闻歆。本习题集由余志林任主编,俞琼任副主编,并由二人审核和校对了全部习题集。由于编者水平有限,习题集中难免存在缺点和错误,恳请大家批评指正。

在此还要感谢曾经参加第一至第二版编写工作的陈凤丽、沈锦秀和郑戟明同志,参加第一至第四版编写工作的潘林涛、邱德春同志,感谢他们为编写习题集付出的辛勤劳动。

编 者
2014 年 5 月

目 录

1-1~1-2	工程字练习	1
1-3~1-4	基本作图	3
1-5	线型练习与圆弧连接	5
2-1~2-3	三视图	6
2-4~2-7	草绘三视图	9
2-8~2-9	点的投影	13
2-10	直线的投影	15
2-11~2-12	两直线的相对位置	16
2-13	平面上的点和直线	18
2-14	平面的投影	19
2-15	平行问题	20
2-16	相交问题	21
2-17	点、线、面及其相对位置自测题	22
2-18~2-19	变换投影面法	23
2-20	变换投影面法自测题	25
3-1~3-2	立体投影	26
3-3~3-4	简单立体的三视图	28
3-5	简单叠加体和切割体自测题	30
4-1~4-8	平面与立体相交	31
4-9	平面与立体相交自测题	39
5-1~5-7	曲面立体相交	40
5-8	曲面立体相交自测题	47
6-1~6-5	轴测图	48
7-1~7-2	三视图	53
7-3~7-16	组合体视图	55
7-17~7-19	组合体尺寸标注	69
7-20	组合体视图及尺寸标注的综合练习	72
7-21~7-24	组合体视图自测题	73
8-1~8-2	视图	77
8-3~8-11	剖视图	79
8-12	断面图	88
8-13~8-14	剖视图自测题	89
8-15~8-18	表达方法的综合练习	91
9-1~9-2	螺纹	95
9-3~9-7	连接件	97
9-8~9-10	齿轮	102
9-11	连接件、弹簧	105
9-12	连接件自测题	106
10-1	表面粗糙度	107
10-2~10-3	公差与配合	108
10-4	形位公差	110
10-5~10-8	读零件图	111
10-9	根据零件轴测图绘制零件图	115
11-1~11-8	由零件图画装配图	116
11-9~11-14	读装配图	124

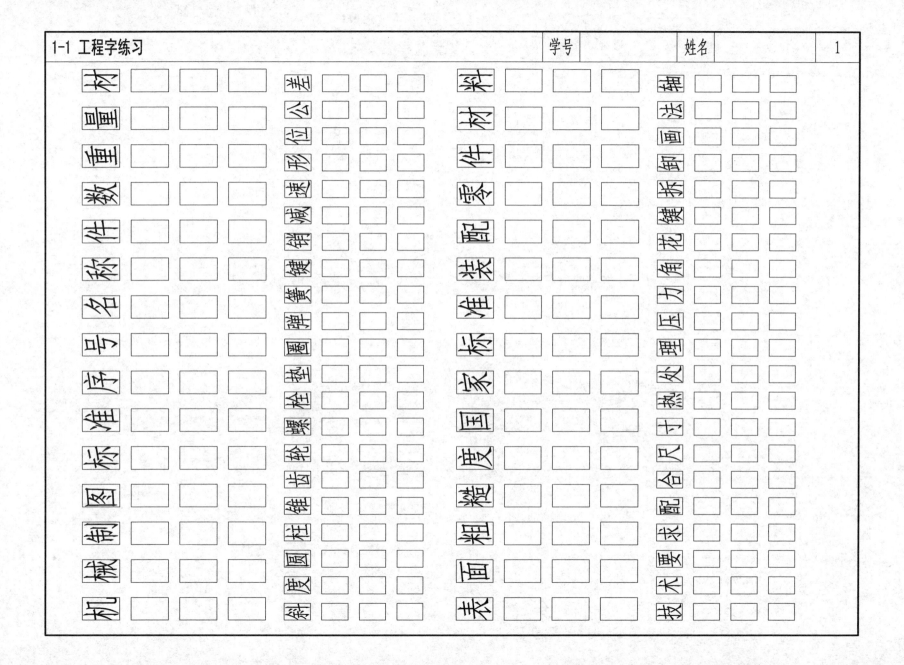

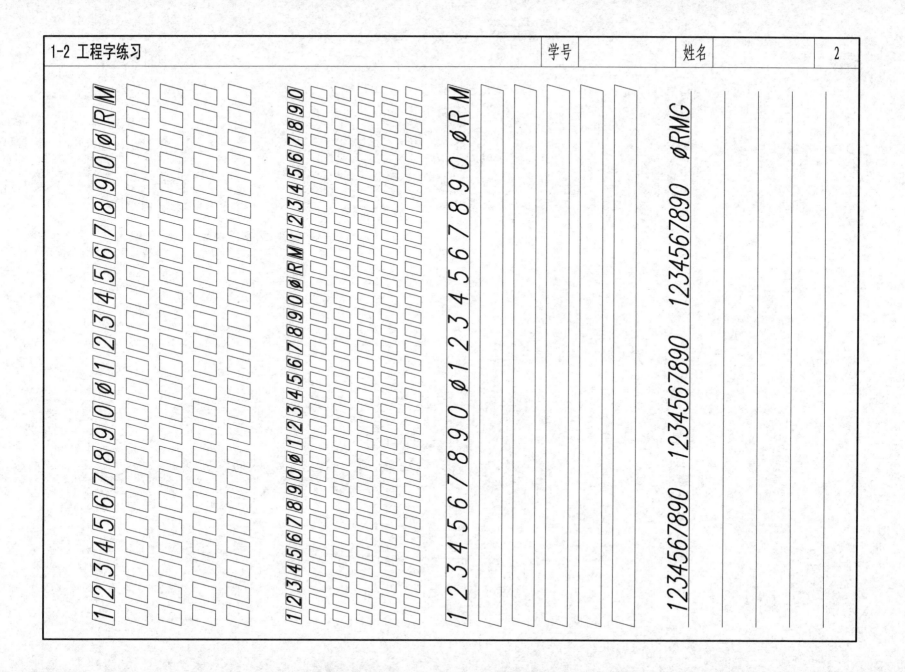

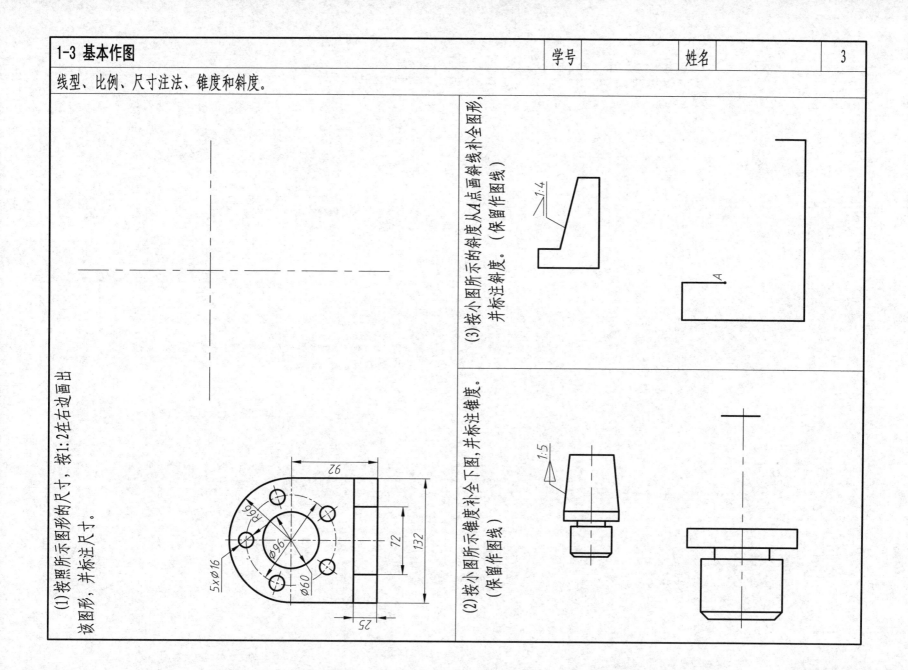

1-4 基本作图

学号　　　姓名　　　4

根据上图所注尺寸，在下图中按1:1画出连接圆弧，并用粗实线描深。(保留作图线)

(1)　　　　　　　　　　　(2)

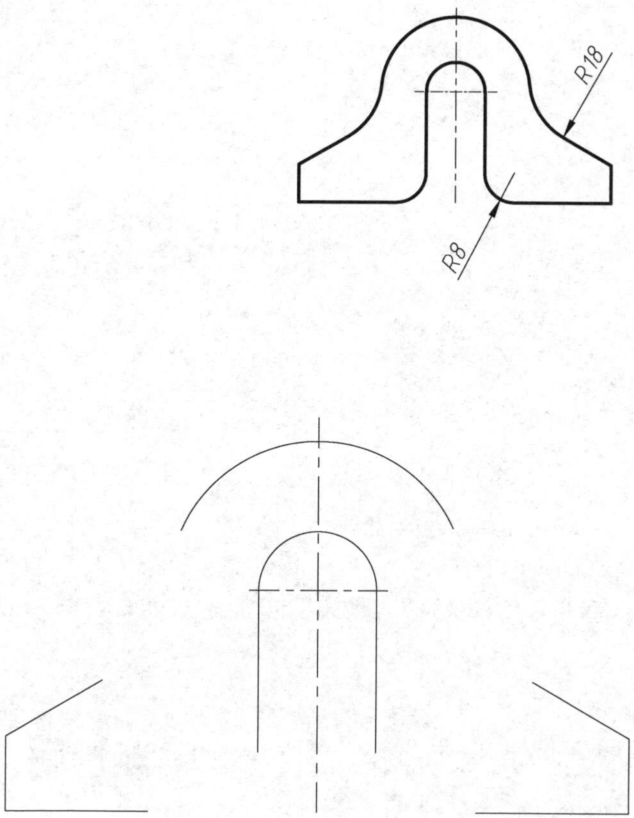

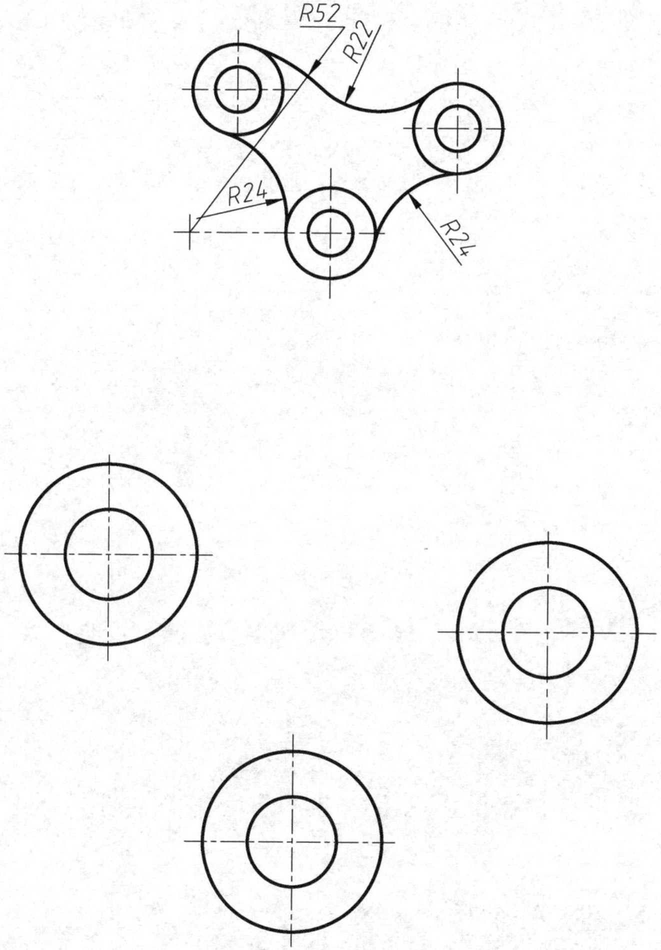

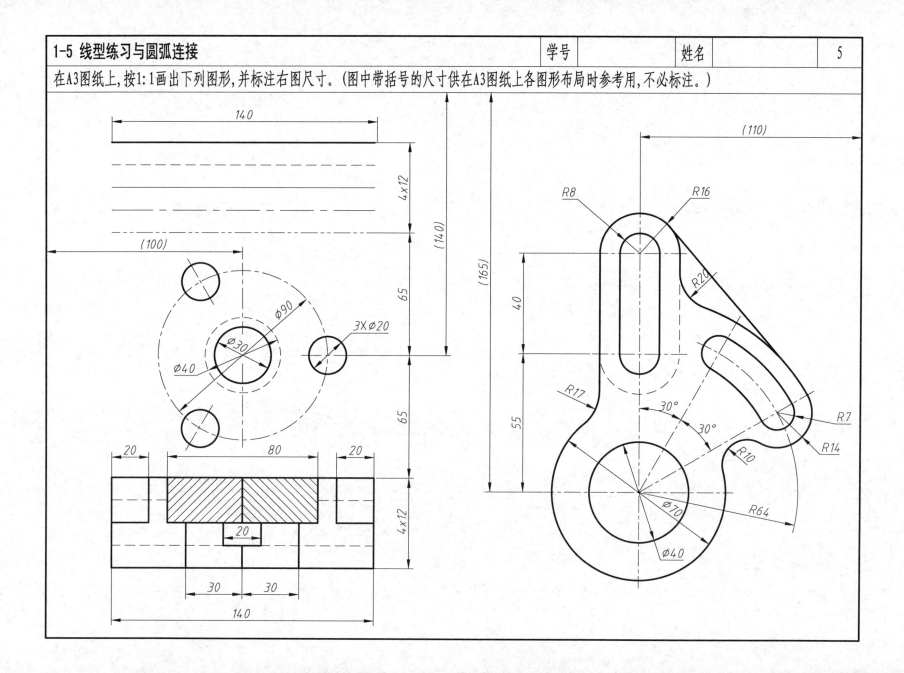

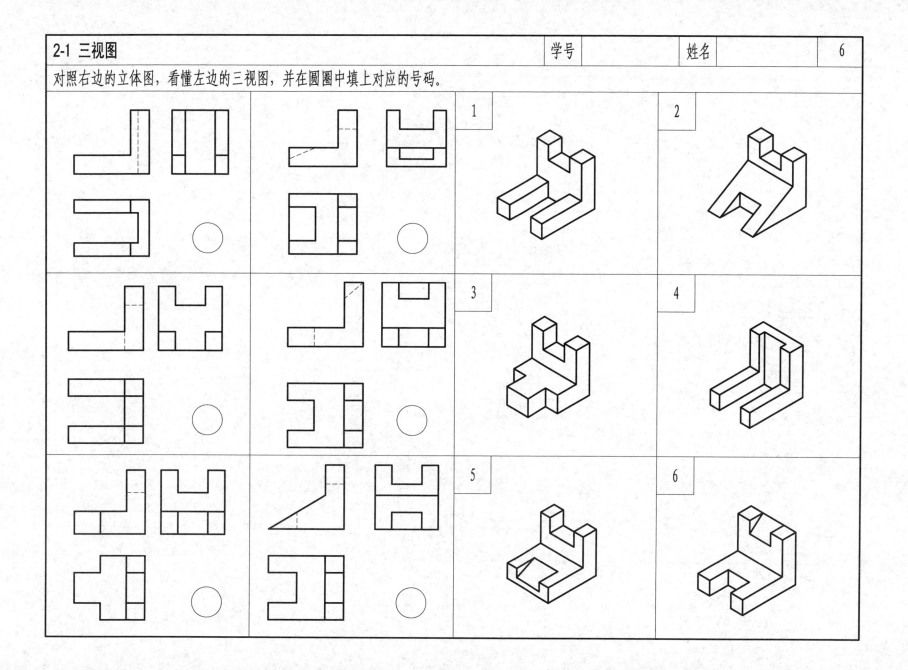

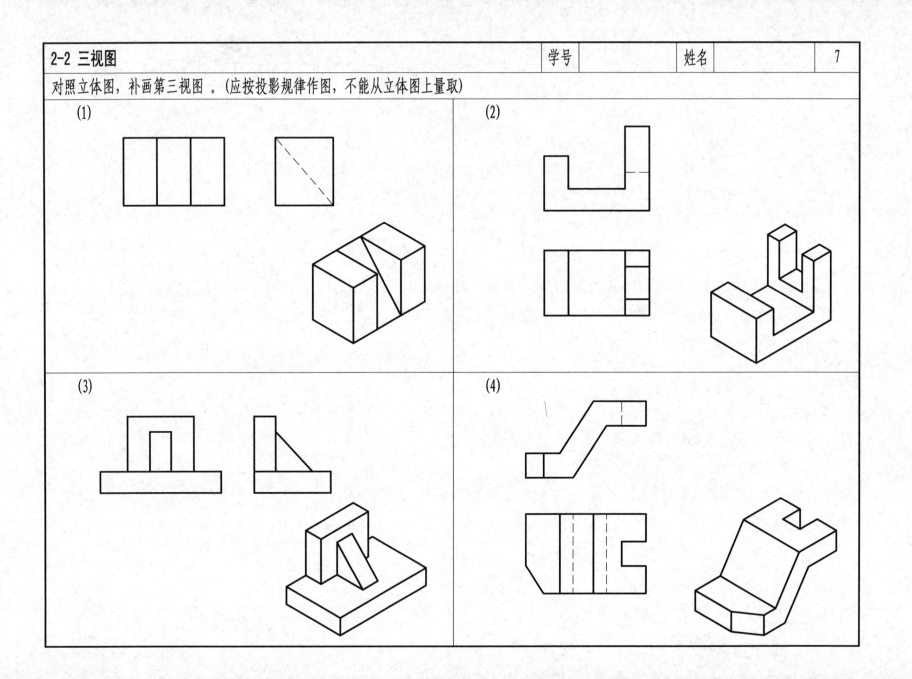

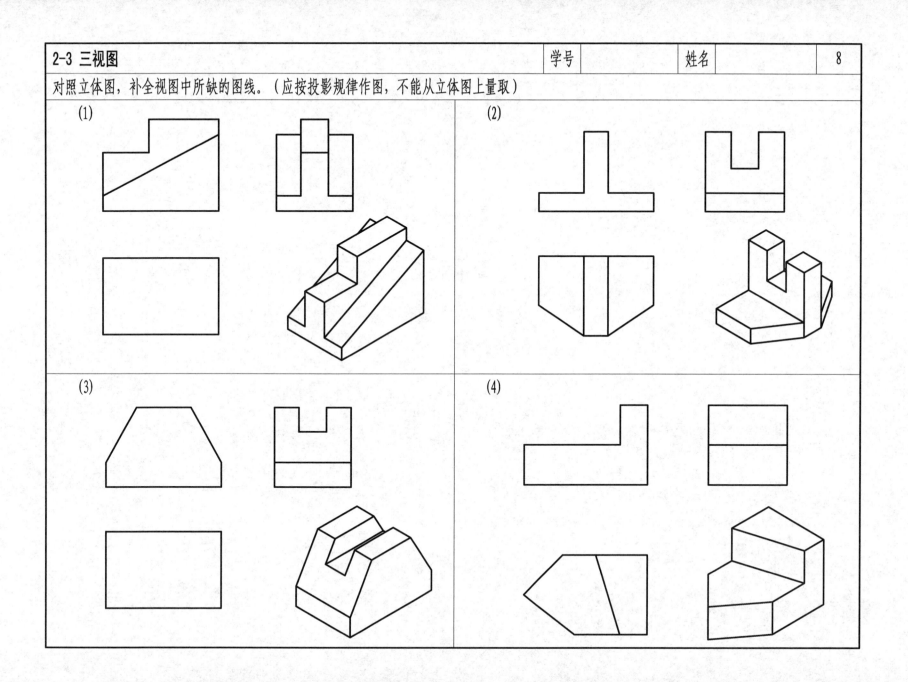

2-4 草绘三视图　　　　　　　　　　　　　　学号　　　　　姓名　　　　　9

(1)

(2)

由立体草绘三视图，大小可按网格数值确定。

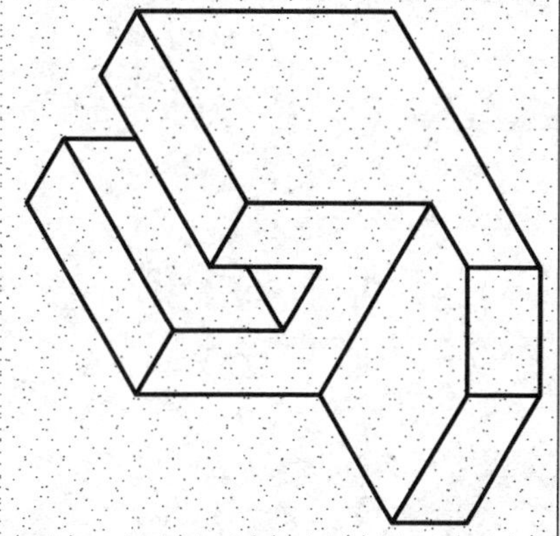

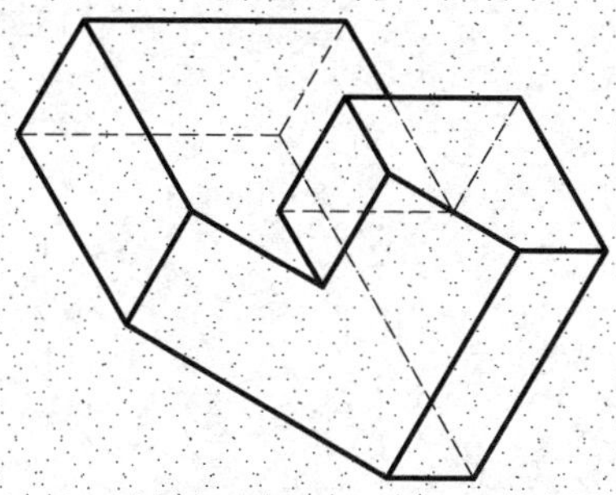

2-5 草绘三视图

(1)

(2)

由立体草绘三视图，大小可按网格数值确定。

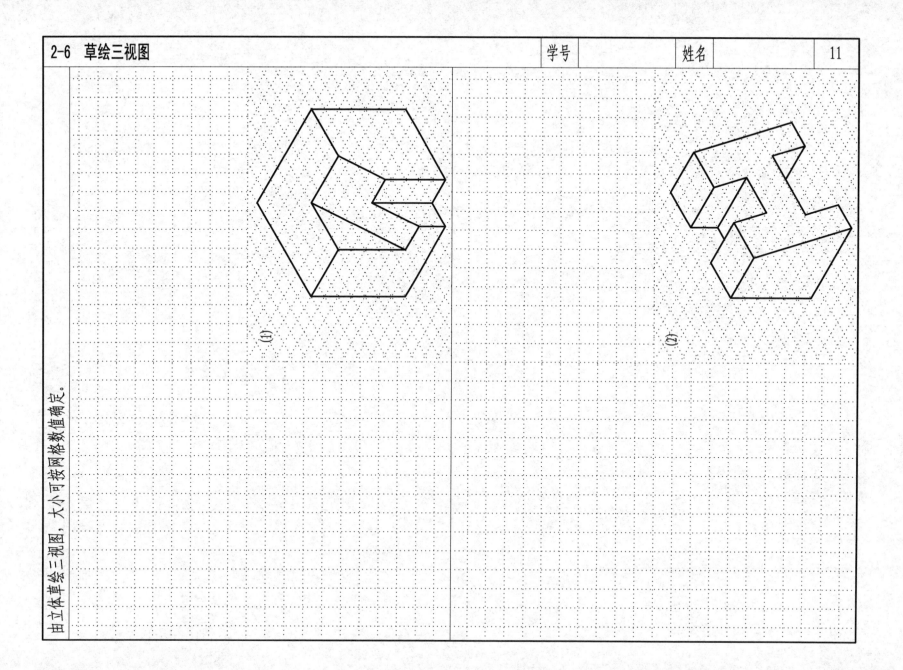

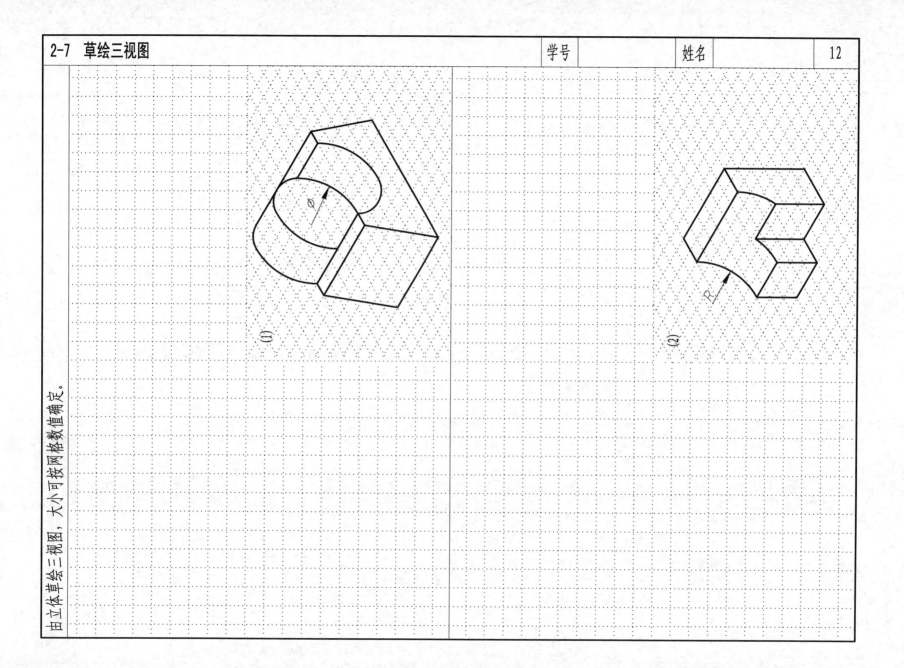

| 2-8 点的投影 | 学号　　　姓名　　　| 13 |

(1) 已知A、B、C三点的轴测图，画出它们的投影图，并标出它们的坐标值，A(_ , _ , _)、B(_ , _ , _)、C(_ , _ , _)。(单位：毫米)

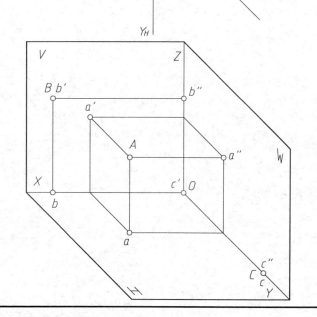

(2) 设B点在A点的左方15mm，前方8mm，上方10mm，求作B点的三面投影。

(3) 设B点在A点的正前方25mm，C点在A点的正右方5mm，D点在A点的正下方10mm，作出B、C、D点的三面投影，并判别可见性。

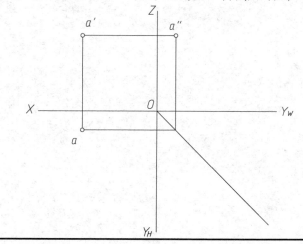

2-9 点的投影

(1) 试判别平面立体上A、B、C、D四点的相对位置并填空；同时作出A、B、C、D四点的W面投影。

A点在B点的 _____ ；
C点在D点的 _____ ；
C点在A点的 _____ ；
D点在A点的 _____ 。

(2) 设F点和E点与H面等距，G点和E点与V面等距，D点和E点与W面等距，完成F、D、G三点的三面投影。

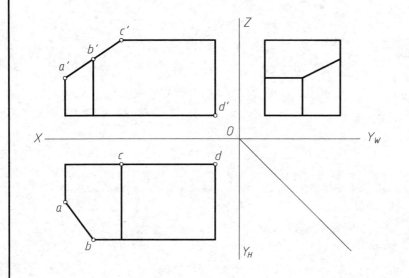

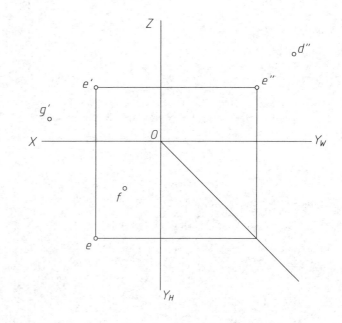

| 2-10 直线的投影 | 学号　　　姓名　　　15 |

(1) 已知直线AB的两面投影，求作直线对三投影面的倾角α, β, γ（在图上标出）并注出实长。

(2) 已知直线AB的投影ab及a'，AB是水平线。补全a'b'的投影。

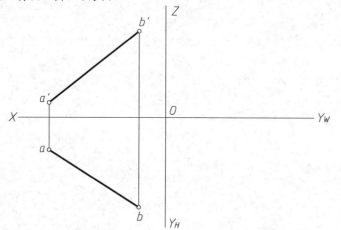
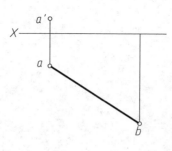

(3) 求下列直线的第三投影，并写出是何种位置的直线。（一般位置直线、正平线、水平线、侧平线、铅垂线、正垂线和侧垂线等）

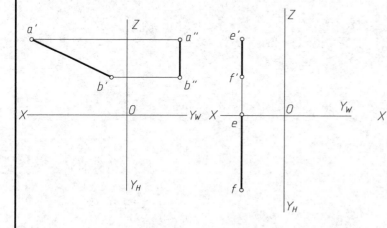

AB是_____线。　　EF是_____线。　　CD是_____线。　　AB是_____线。

2-11 两直线的相对位置 | 学号 | 姓名 | 16

(1) 判别直线 AB 与直线 CD 的相对位置。（平行、相交、垂直、交叉、交叉垂直）

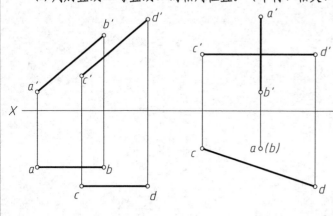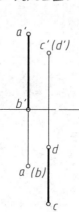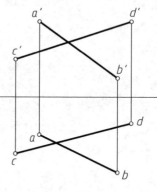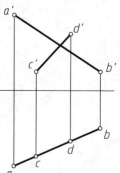

(2) 求交叉直线 AB、CD 的重影点 V、H 面投影（用数字表示），并判别其可见性。

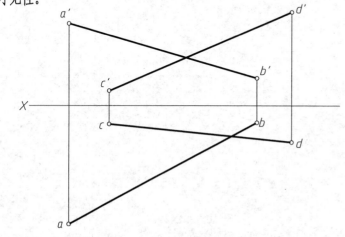

(3) 作交叉两直线 AB、CD 的公垂线，并求出实长。

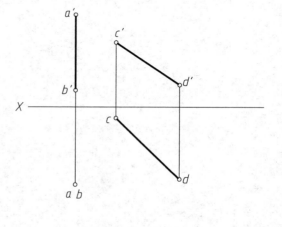

2-12 两直线的相对位置

(1) 试过点A作一直线平行于V面，且与CD直线相交于K点。

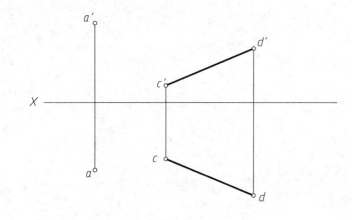

(2) 求出点K到直线AB的距离。

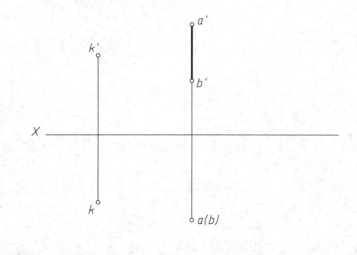

(3) 作直线JL与直线AB、CD和EF相交，并与直线CD垂直，交点分别为J、K、L。

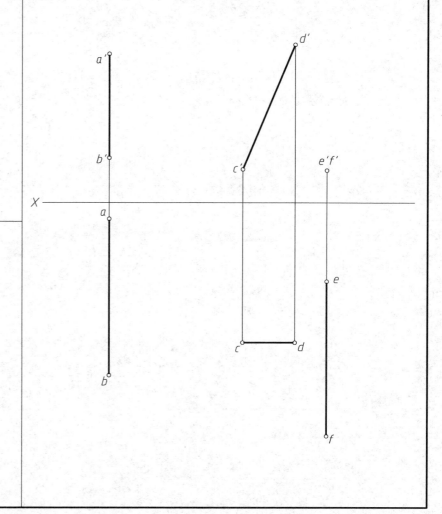

2-13 平面上的点和直线

(1) 已知平面的V面投影和H面的部分投影，试补全该面的H面投影。

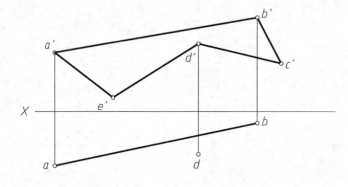

(2) 已知平面ABCD上的三角形△ⅠⅡⅢ的V面投影，作出其H面投影。

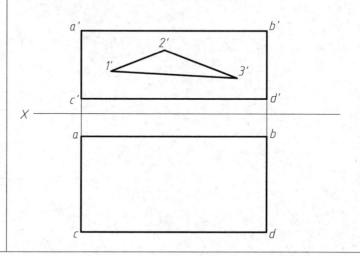

(3) 补全第三投影，写出平面是属于何种平面。

①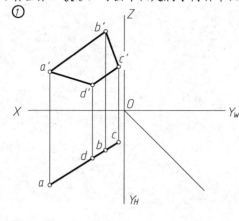

②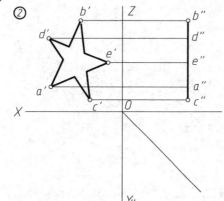

③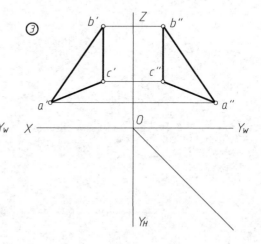

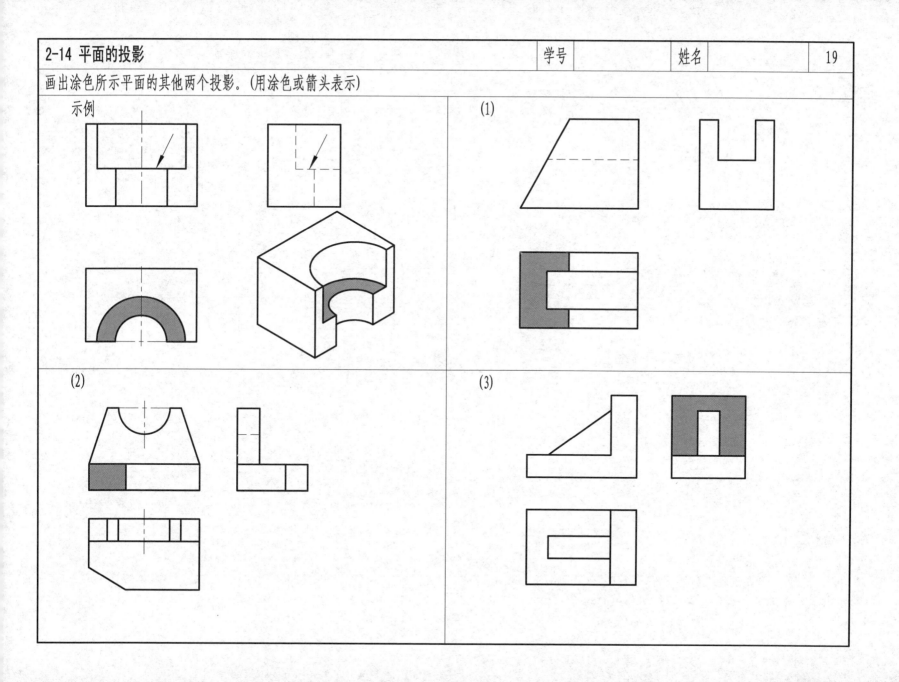

| 2-15 平行问题 | 学号　　　　姓名　　　　 | 20 |

(1) 已知直线EF平行于△ABC，求ef投影。

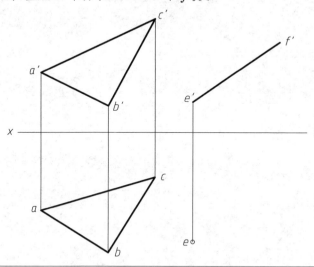

(2) 已知直线DE与△ABC平行，完成△abc投影。

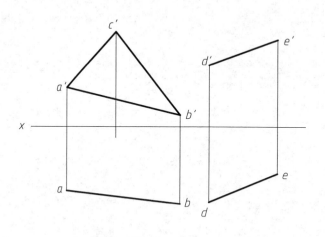

(3) 两平面△ABC与□DEFG互相平行，完成□d'ef'g'的投影。

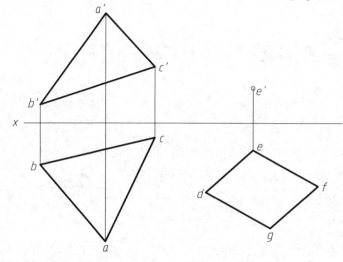

(4) 判别直线AB是否平行△CDE。

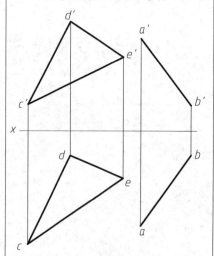

(5) 判别两平面是否平行。

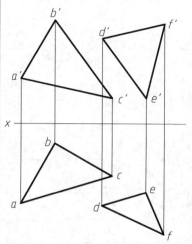

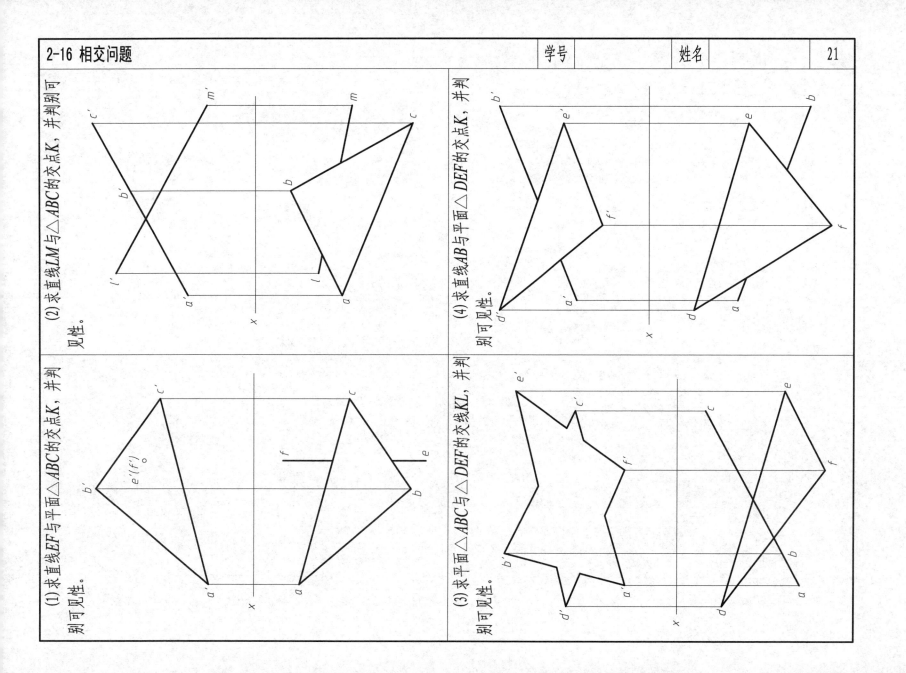

2-17 点、线、面及其相对位置自测题　　学号　　姓名　　22

(1) 作出三棱锥的侧面投影并填空。

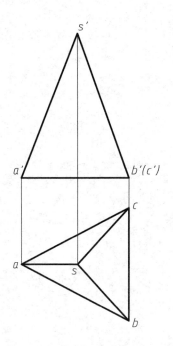

SA是_____线；SB是_____线；BC是_____线。

△SAB是_____面；△SBC是_____面；△ABC是_____面。

(2) 在平面上任意找一条水平线和一条正平线。

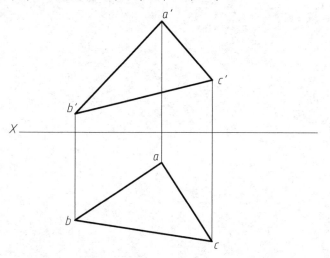

(3) 判别下列图中直线与直线、平面与平面的相对位置，用平行、相交或垂直回答。

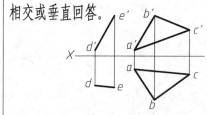 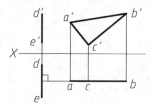

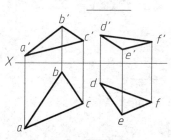 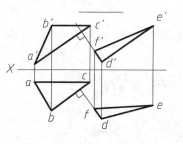

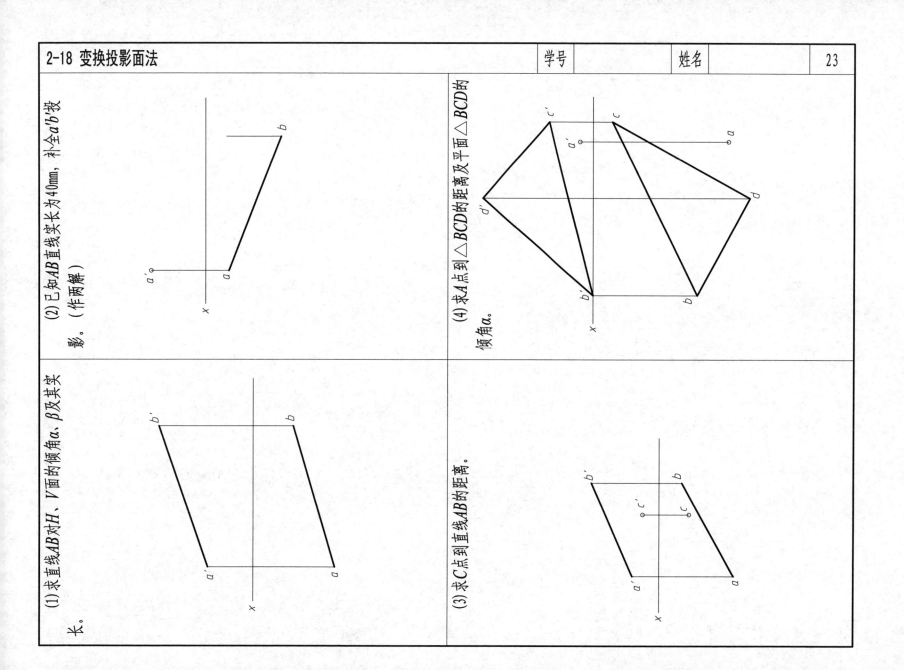

2-19 变换投影面法

(1) 已知两平行线之间的距离为15mm，且CD在AB上方，补全c'd'。

(2) 点K到△ABC的距离为15mm，且B点在AC之前，补全△abc投影。

(3) 求交叉直线AB、CD公垂线LM的投影。

(4) 相交两平面△ABC和△ABD间夹角为30°，且C点靠近H面，补全△a'b'c'投影。

2-20 变换投影面法自测题　　　　　　学号　　　姓名　　25

(2) 已知平面△ABC为等边三角形，且A点离H面26mm，试用换面法补全△abc和△a'b'c'投影。

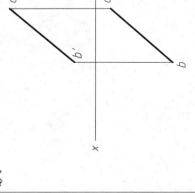

(4) 已知△ABC的两面投影，试以AB为底边作一等腰△ABD，该等腰三角形的高等于底边AB的长，且△ABC与△ABD的夹角为90°。

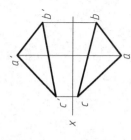

(1) 已知AB直线的倾角α=30°，且B点在A点上方，试用换面法补全a'b'投影。

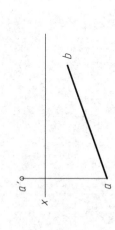

(3) 已知K点是两相交平面△ABC与△ABD角平分面上的点，试用换面法补全k'投影。

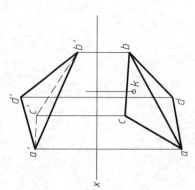

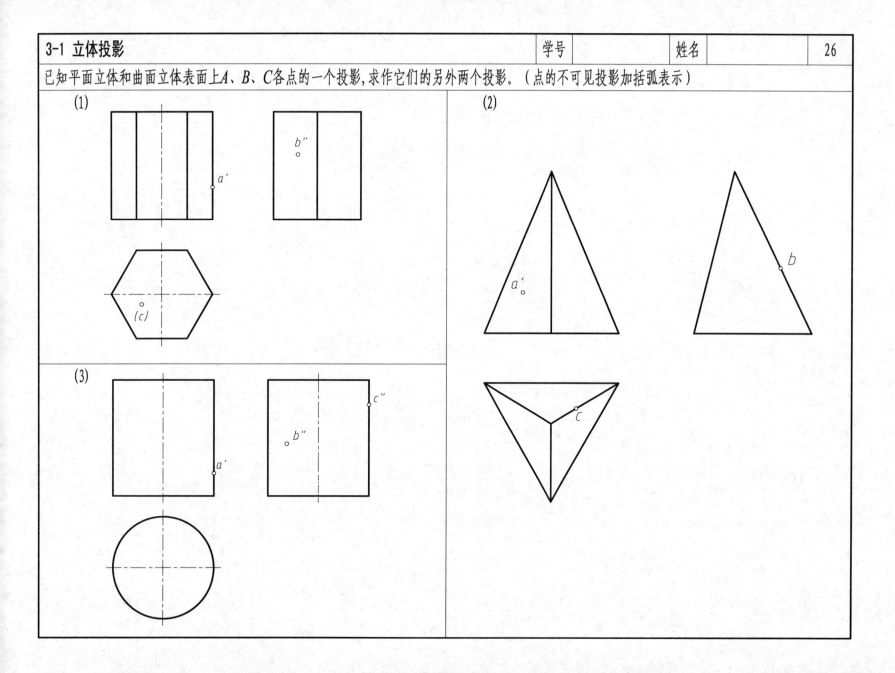

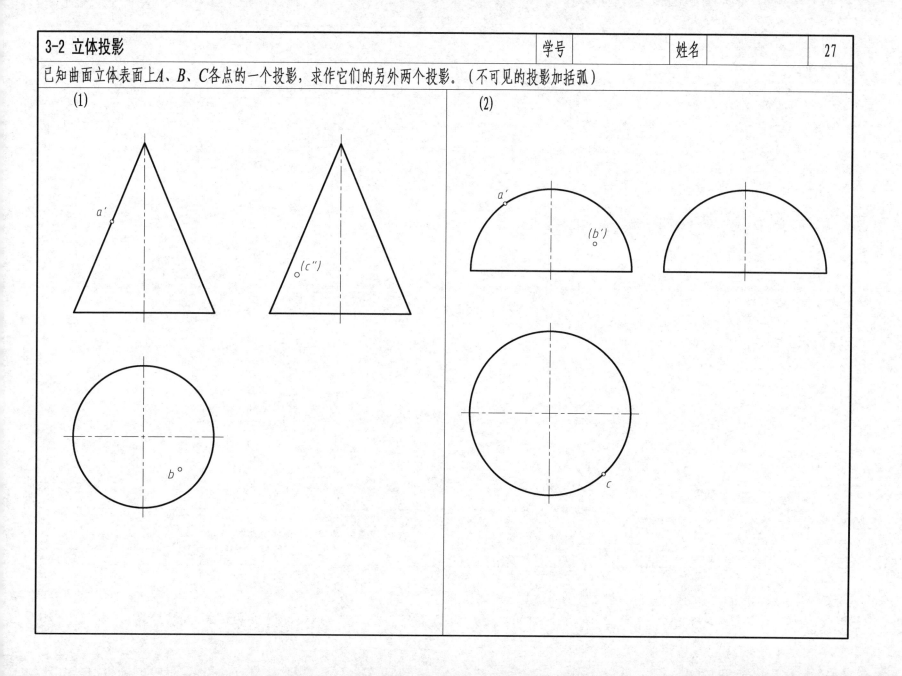

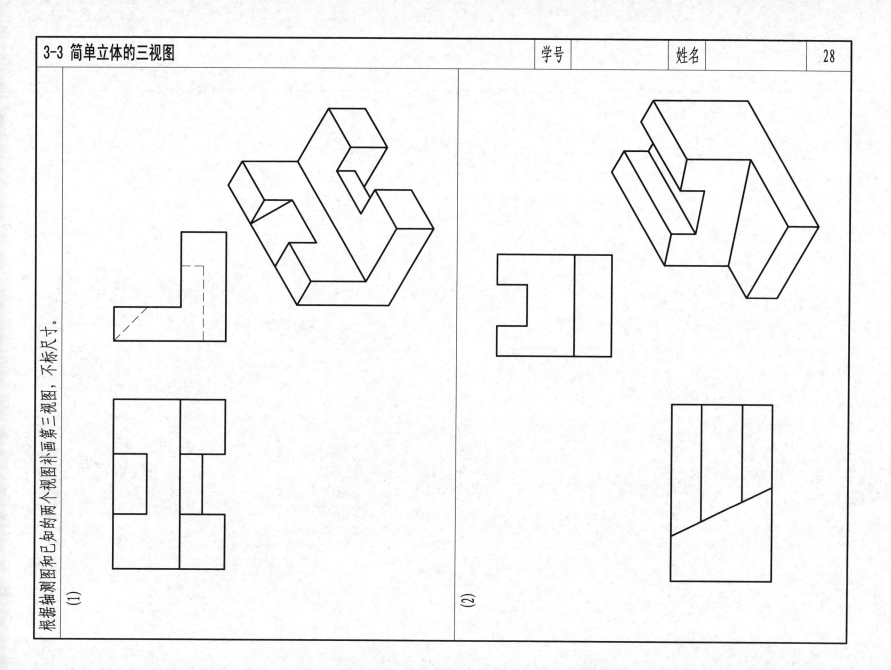

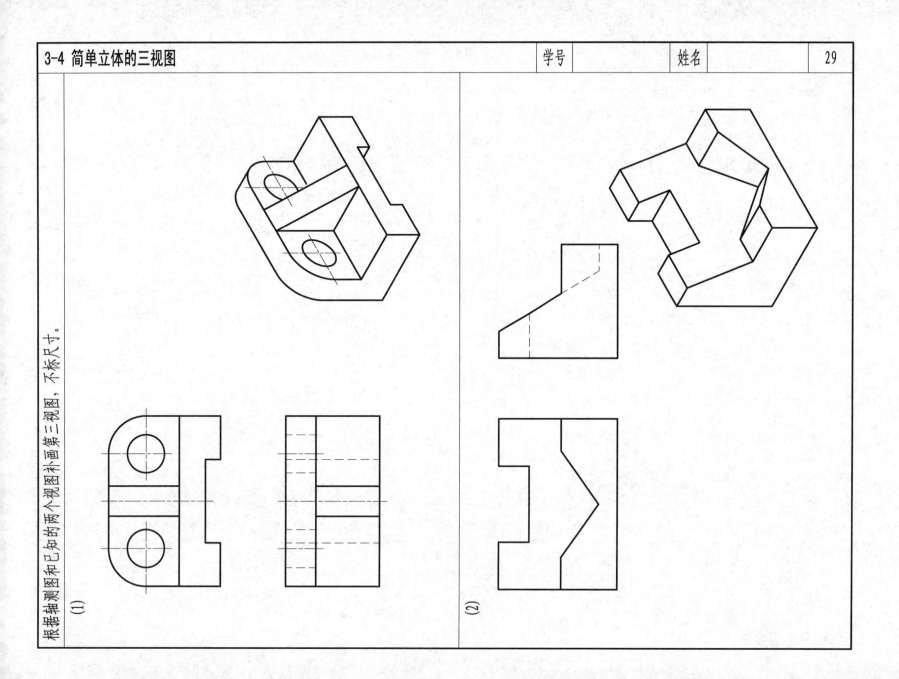

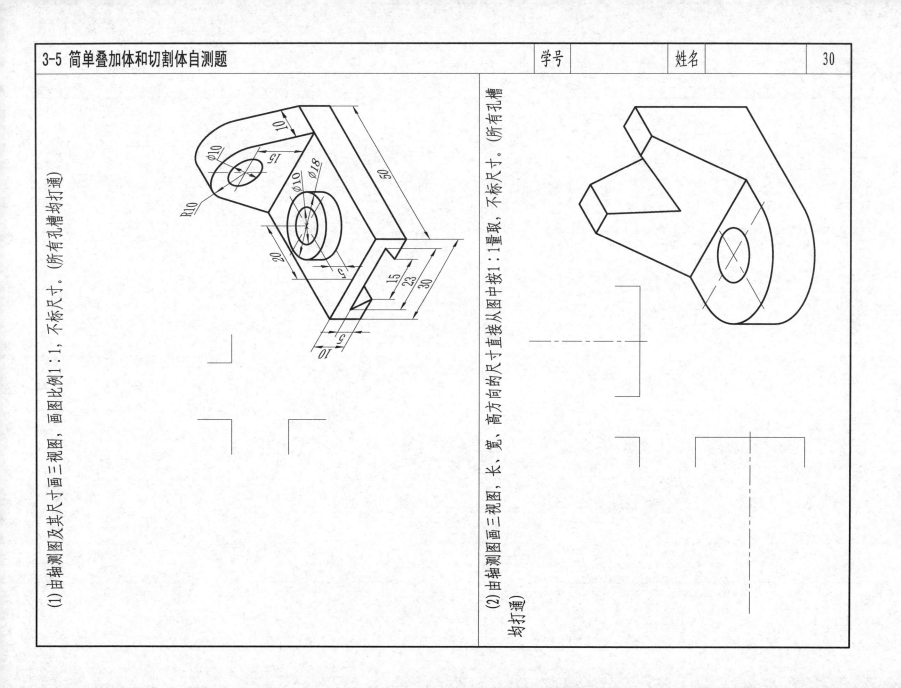

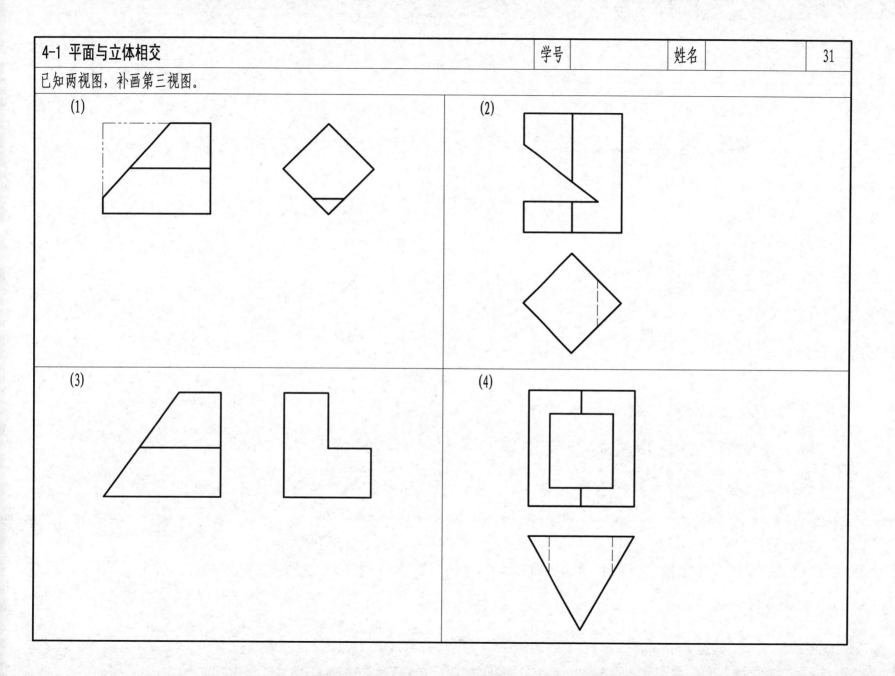

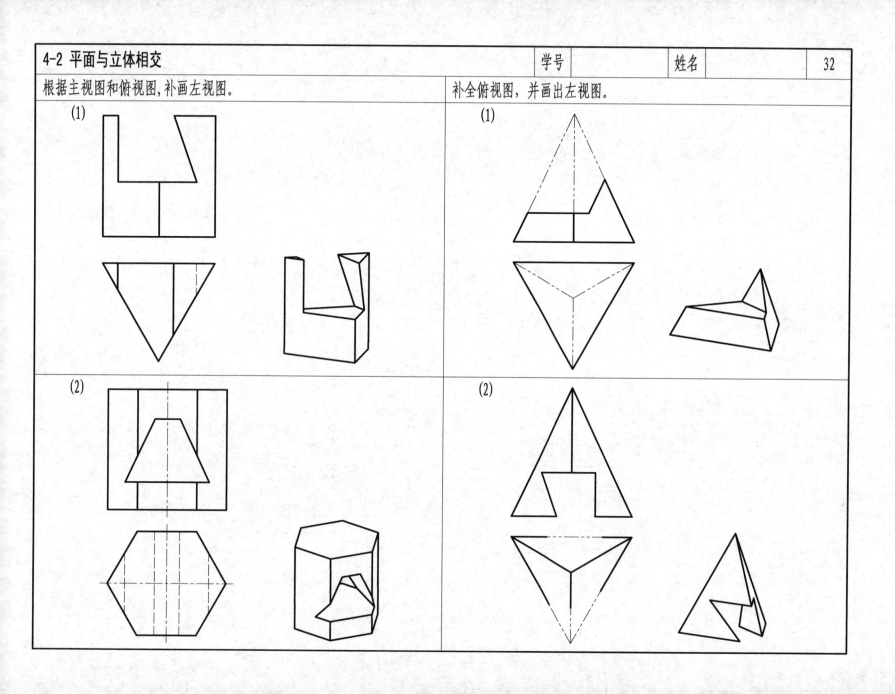

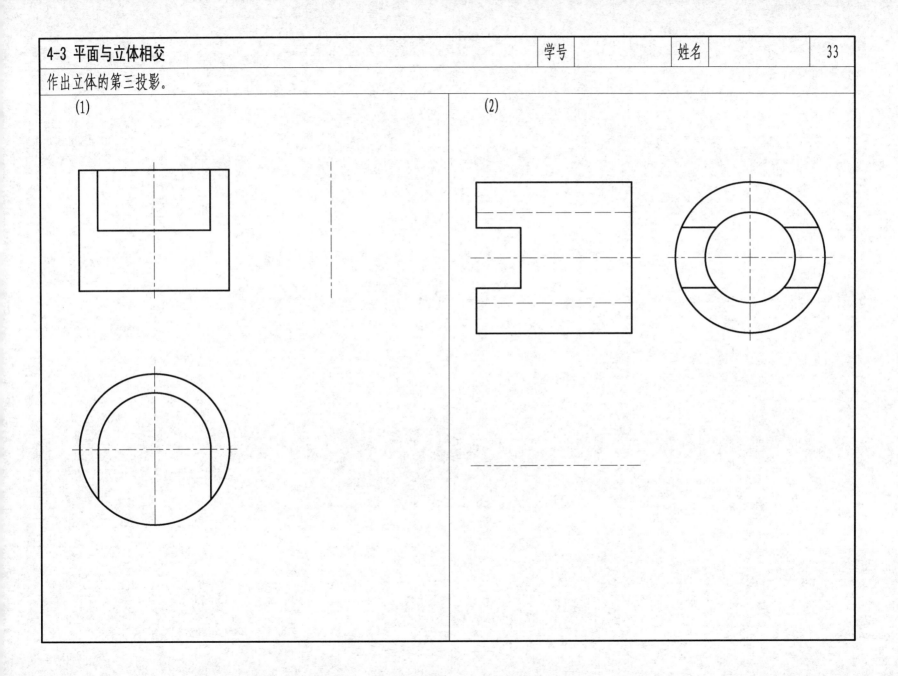

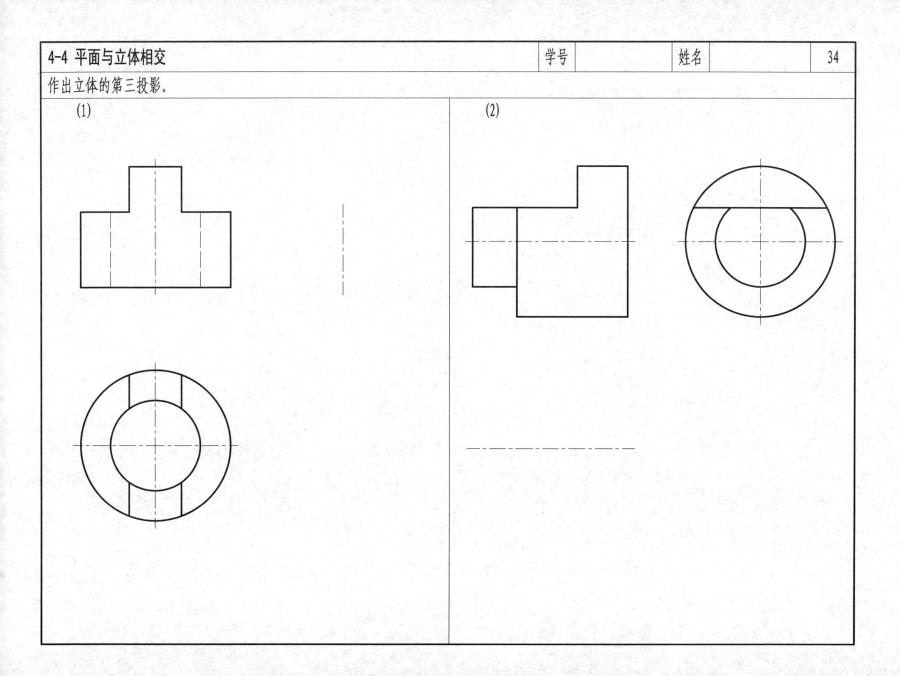

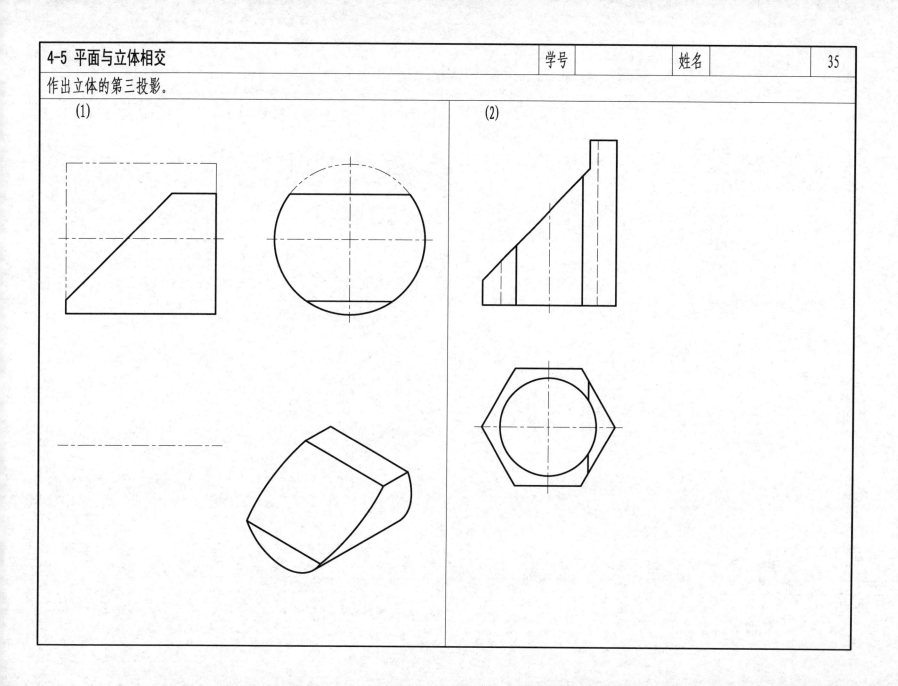

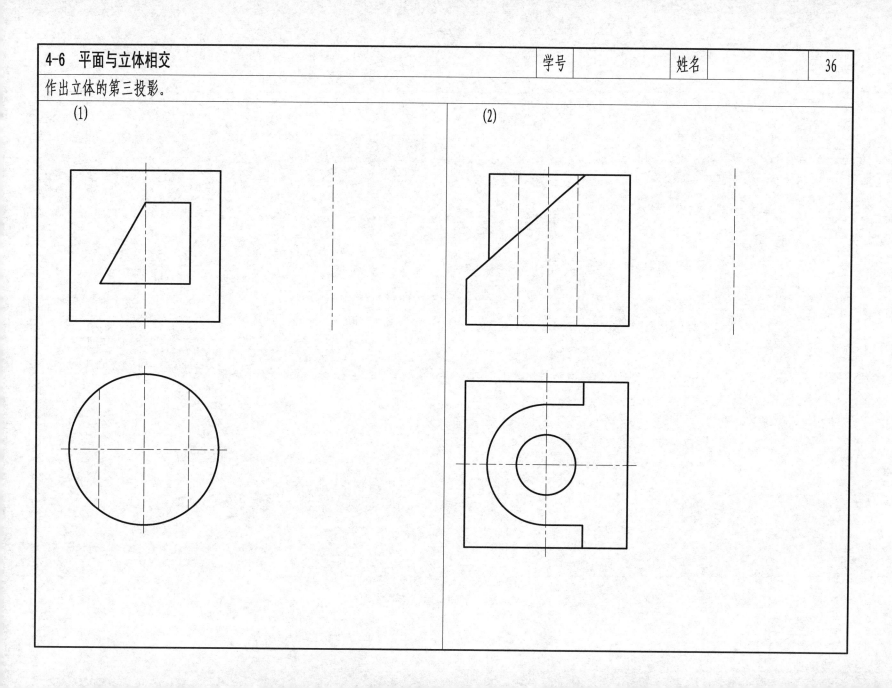

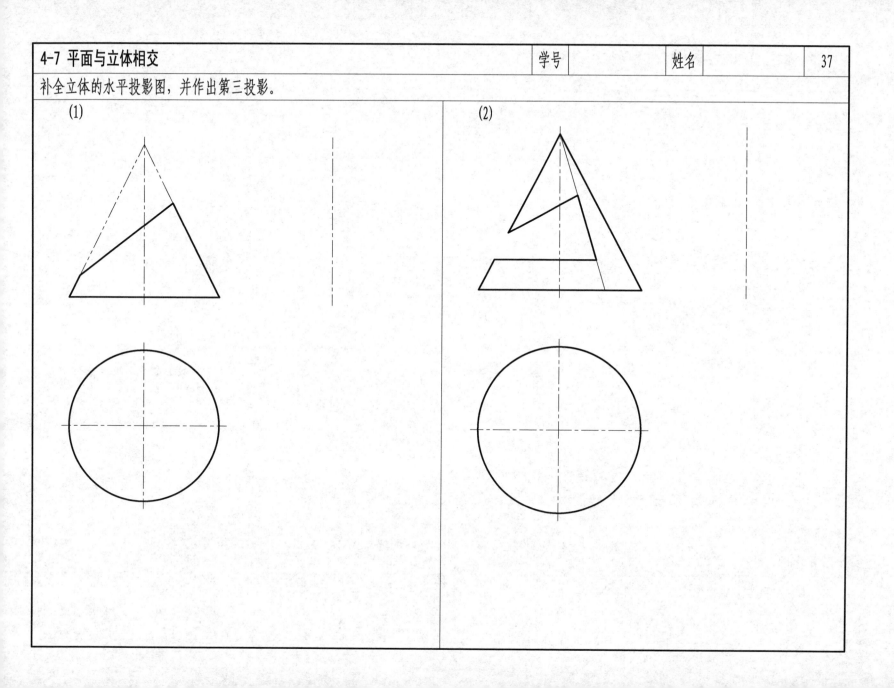

4-8 平面与立体相交

作出立体的第三投影。

补全立体的水平投影，并作出第三投影。

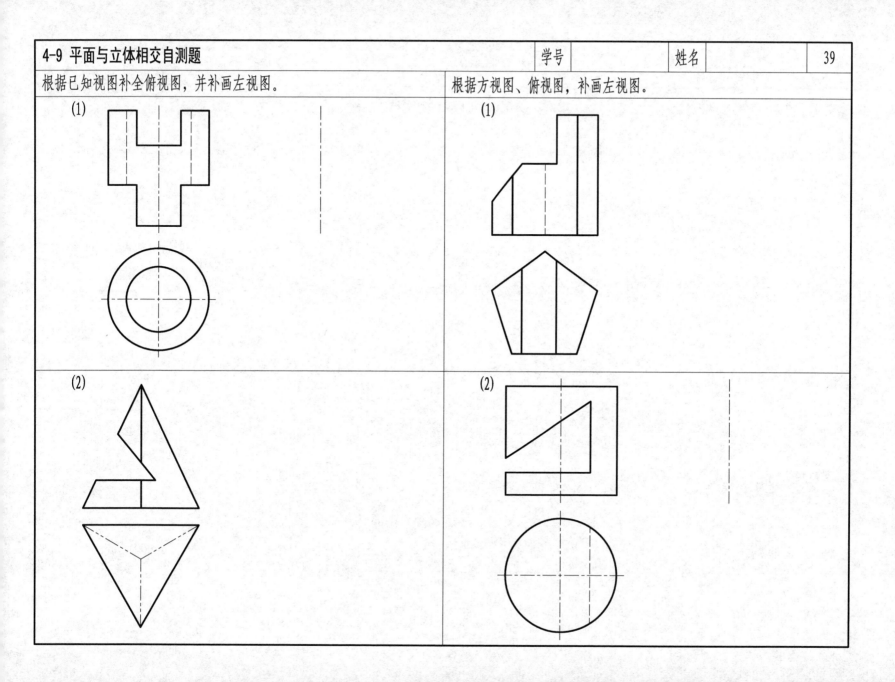

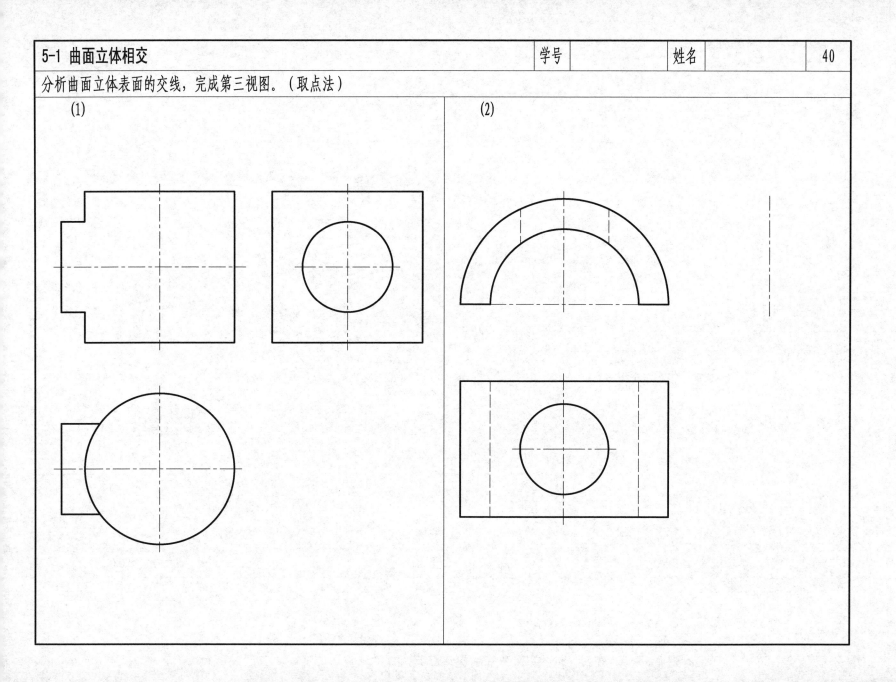

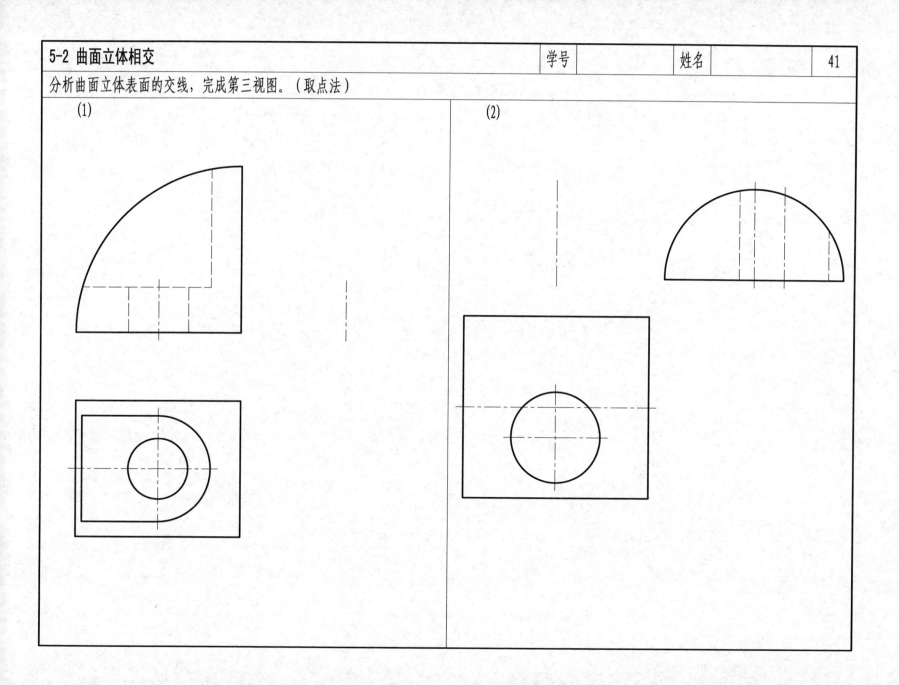

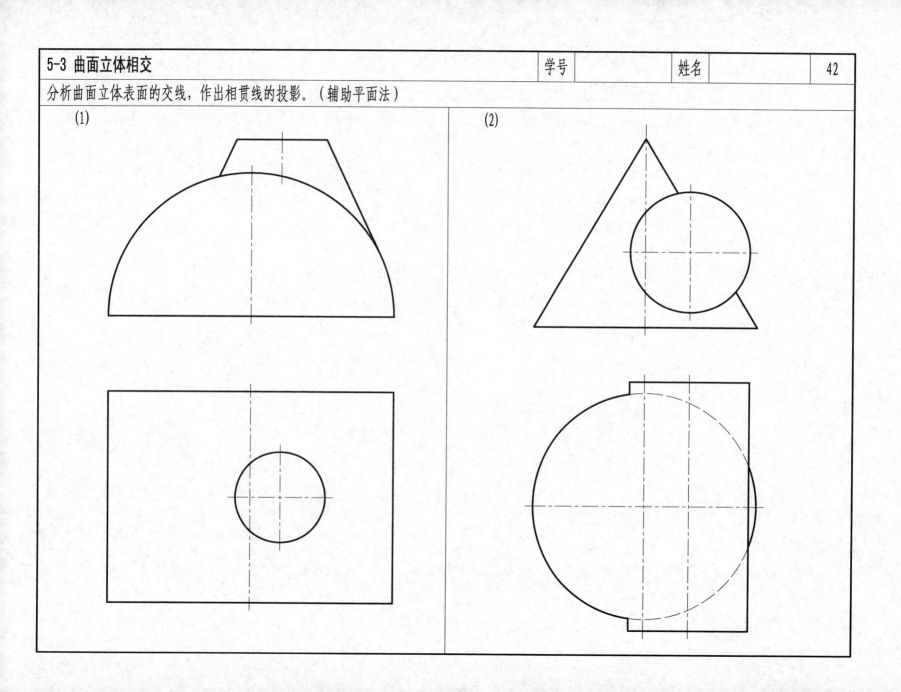

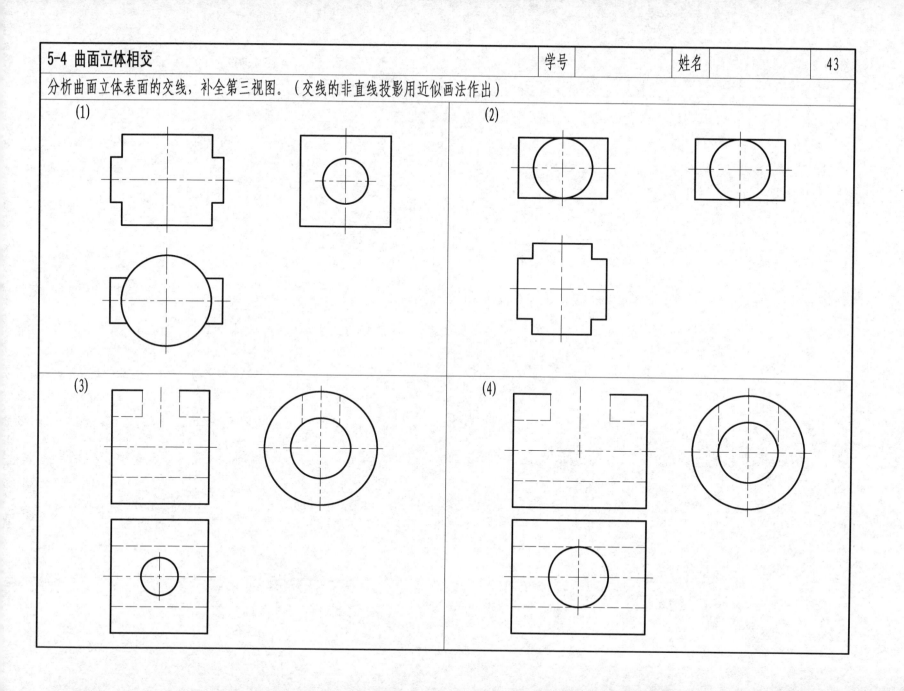

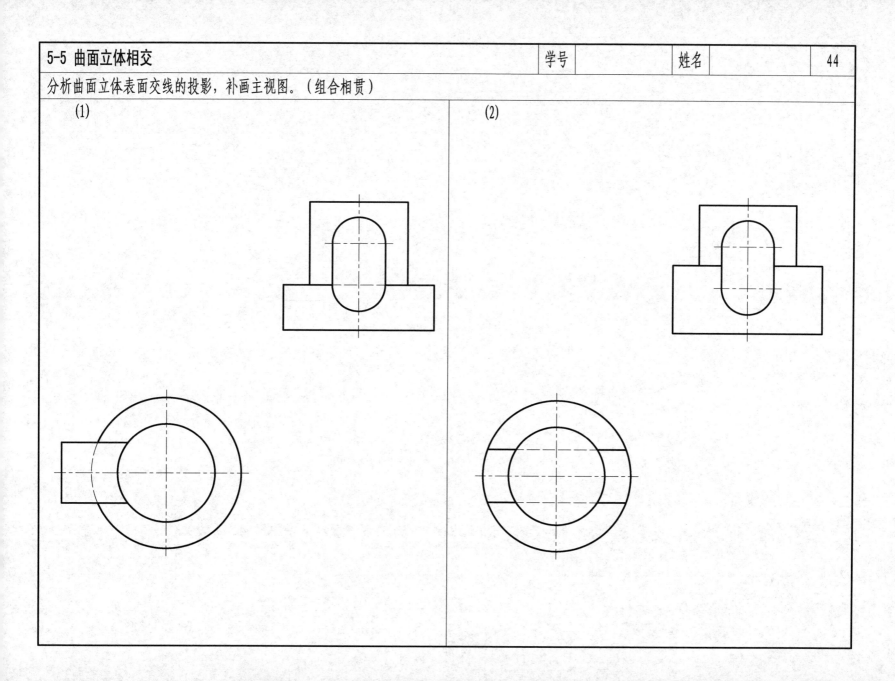

5-6 曲面立体相交

分析曲面立体表面的交线，补画左视图。（组合相贯）

(1)

(2)

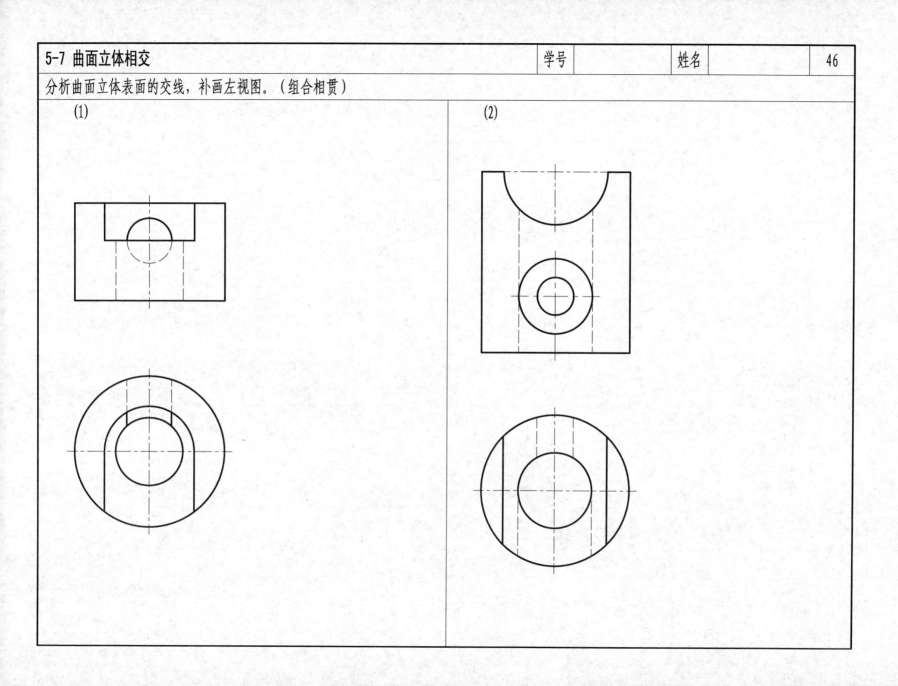

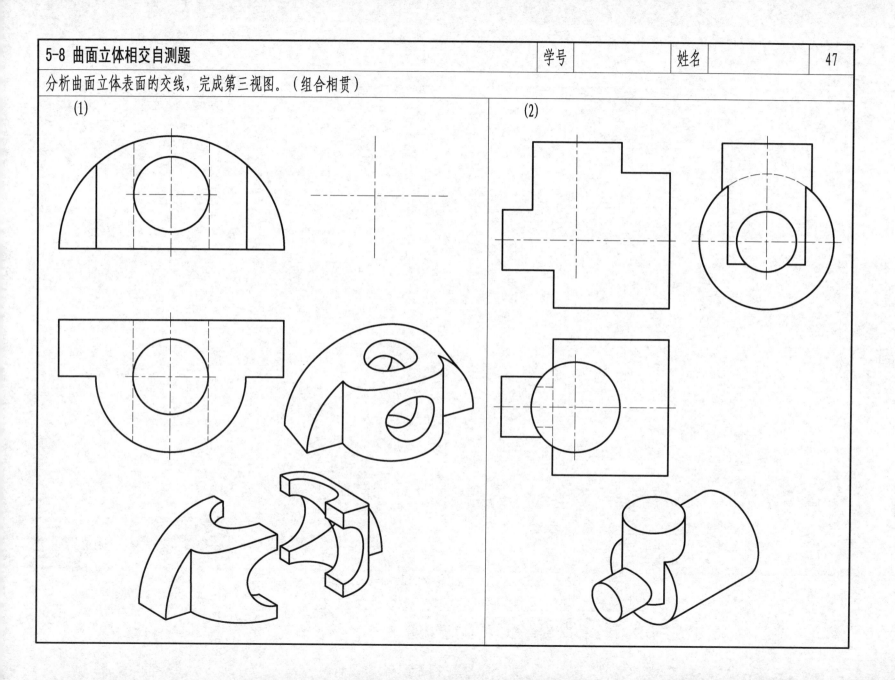

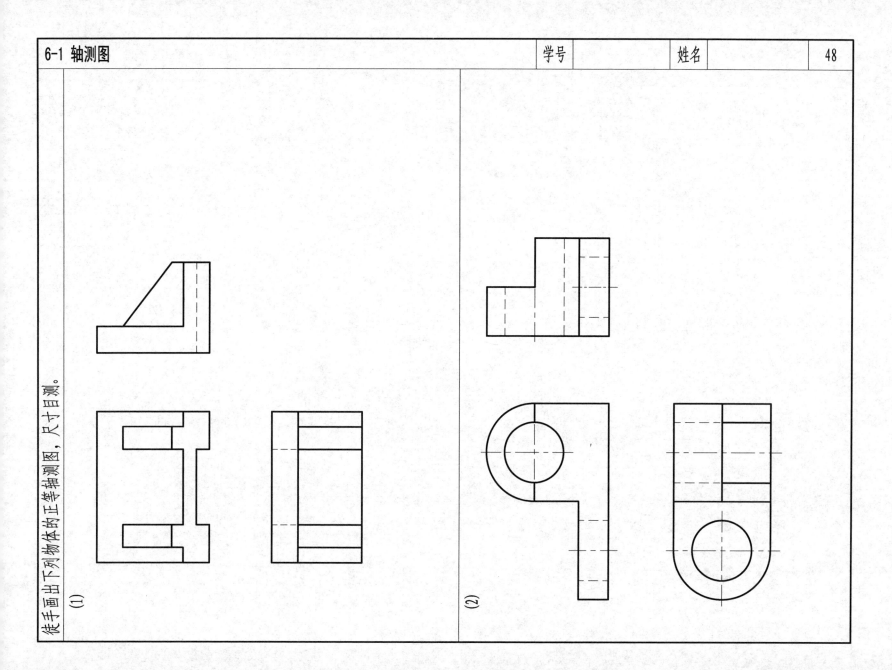

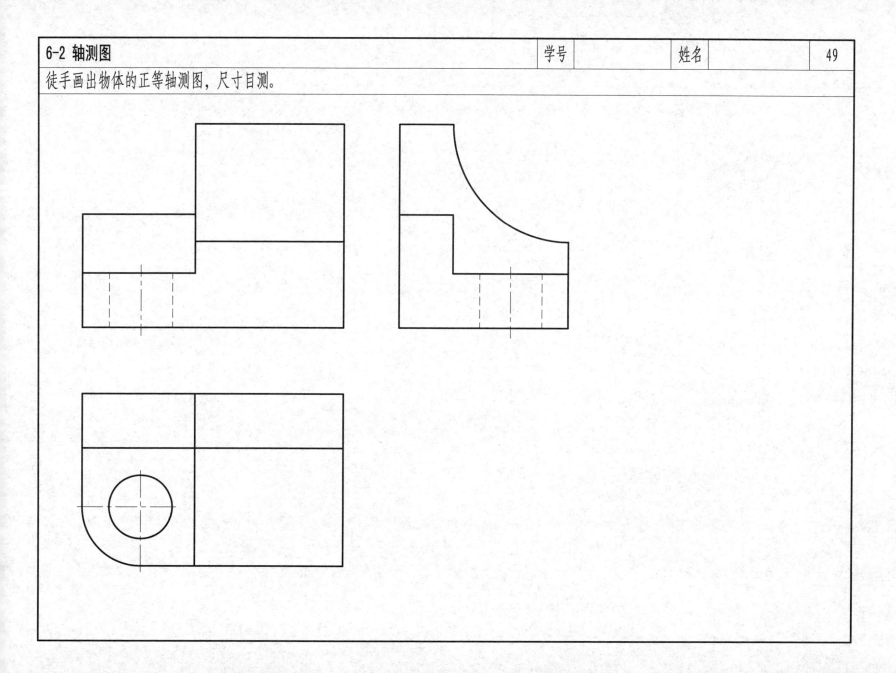

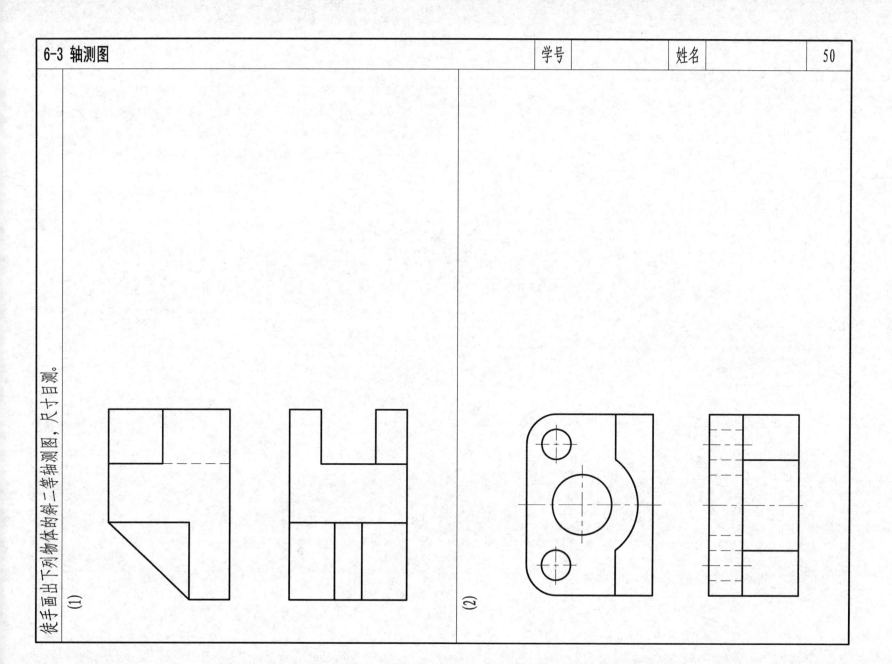

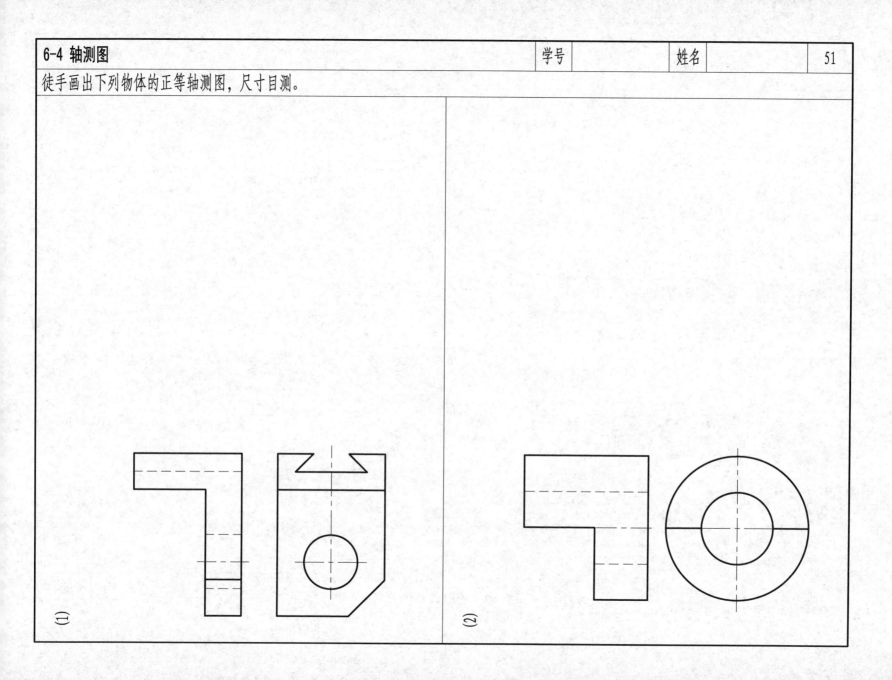

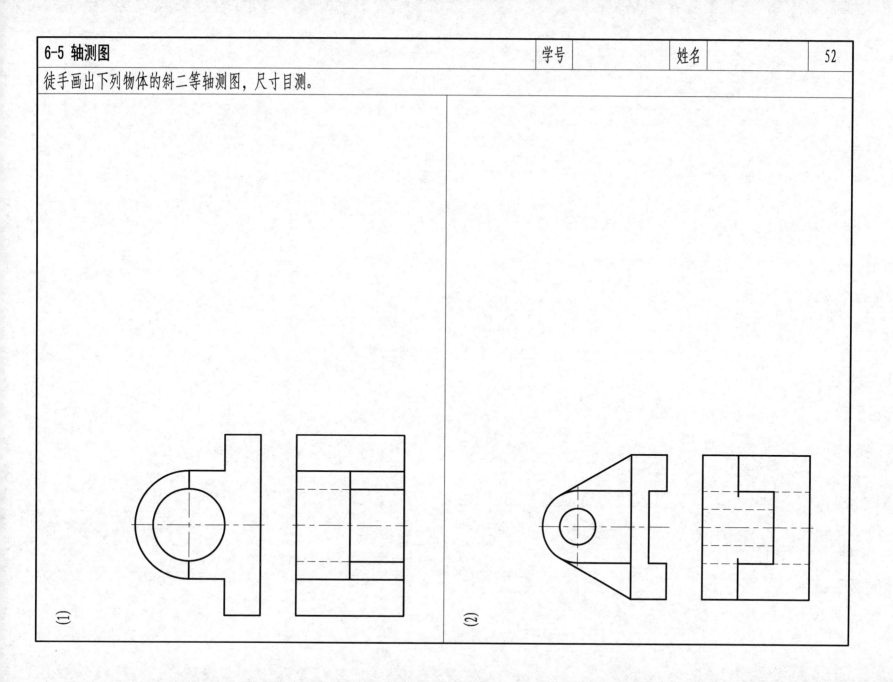

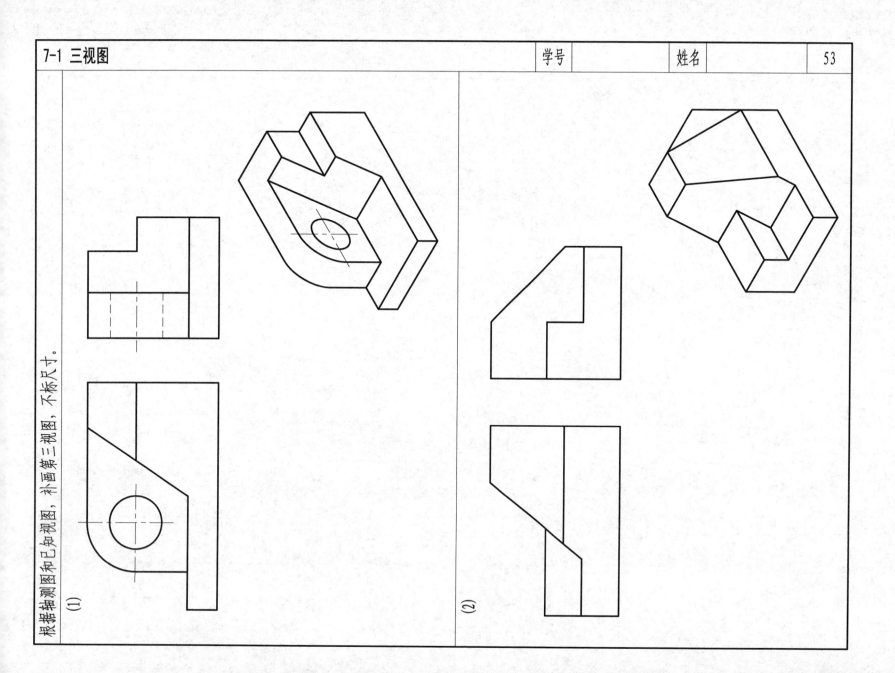

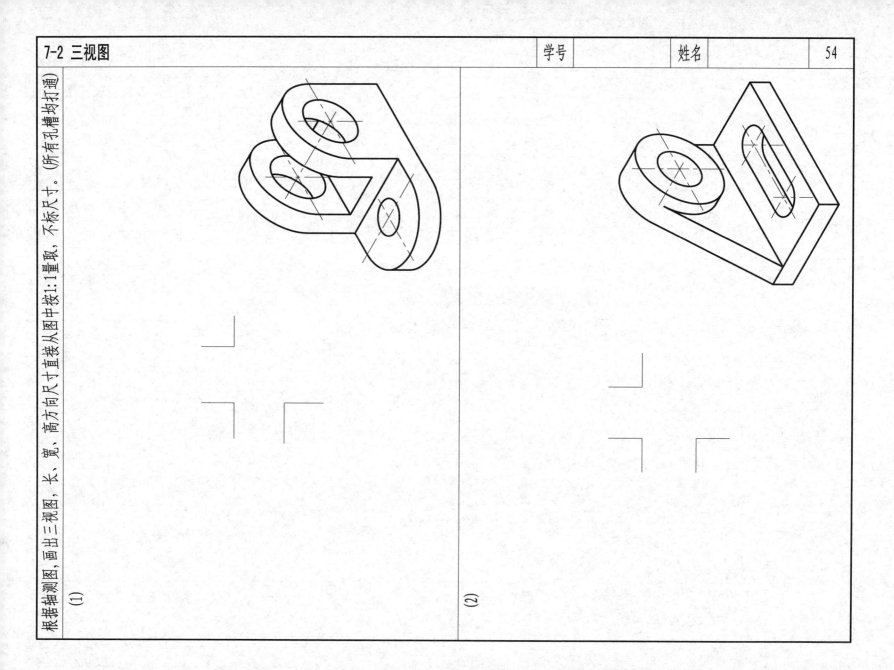

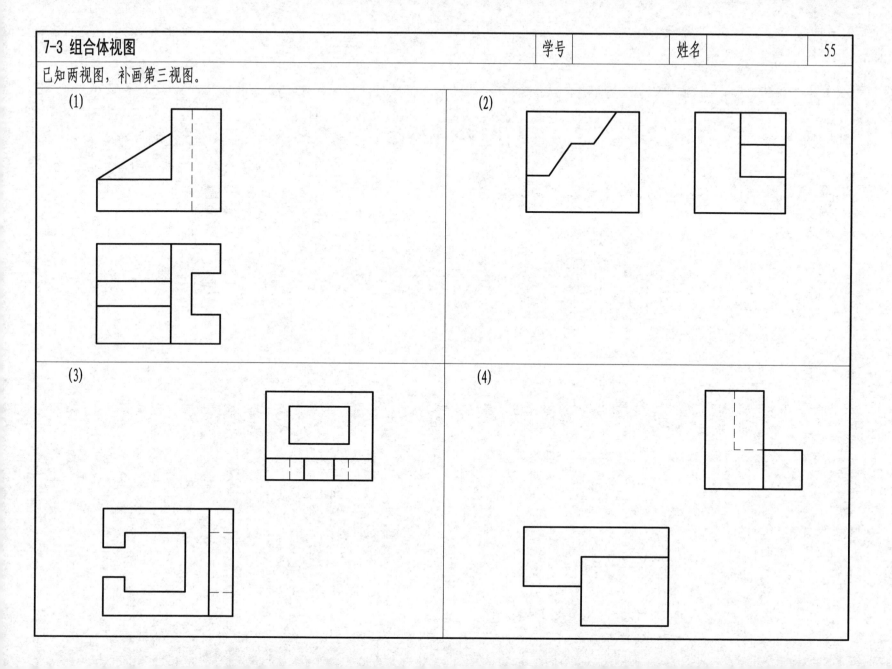

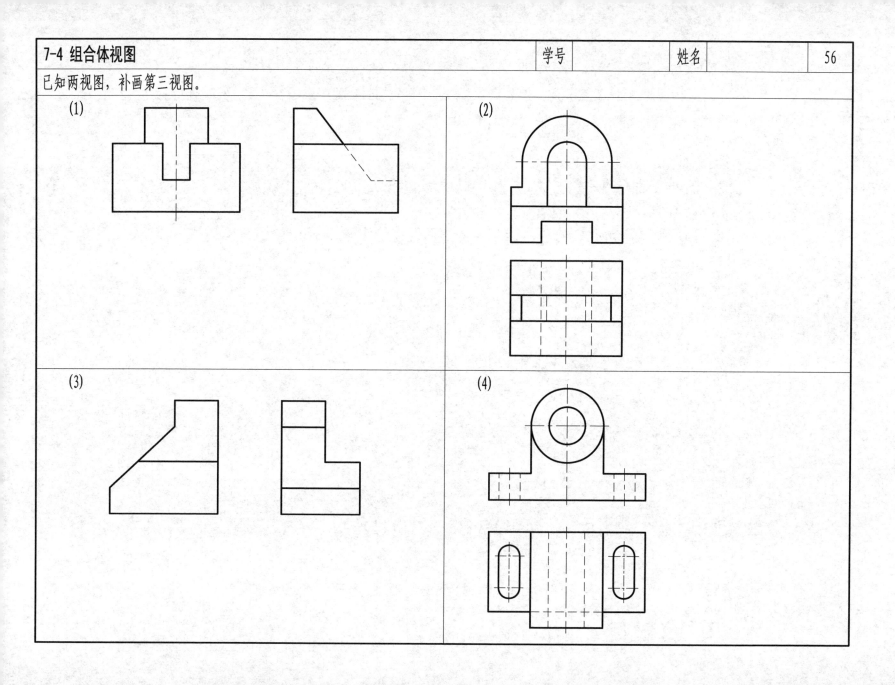

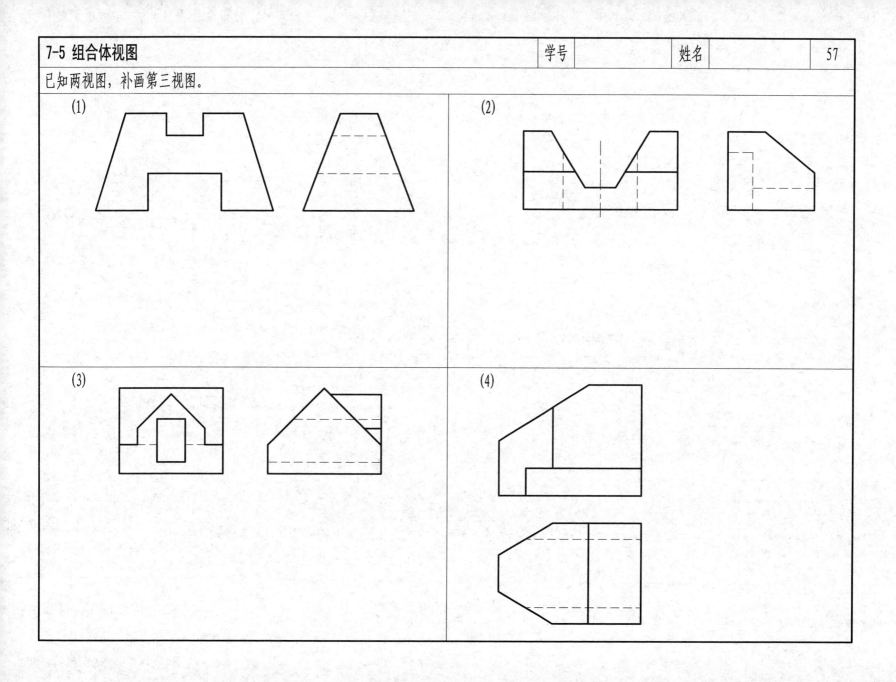

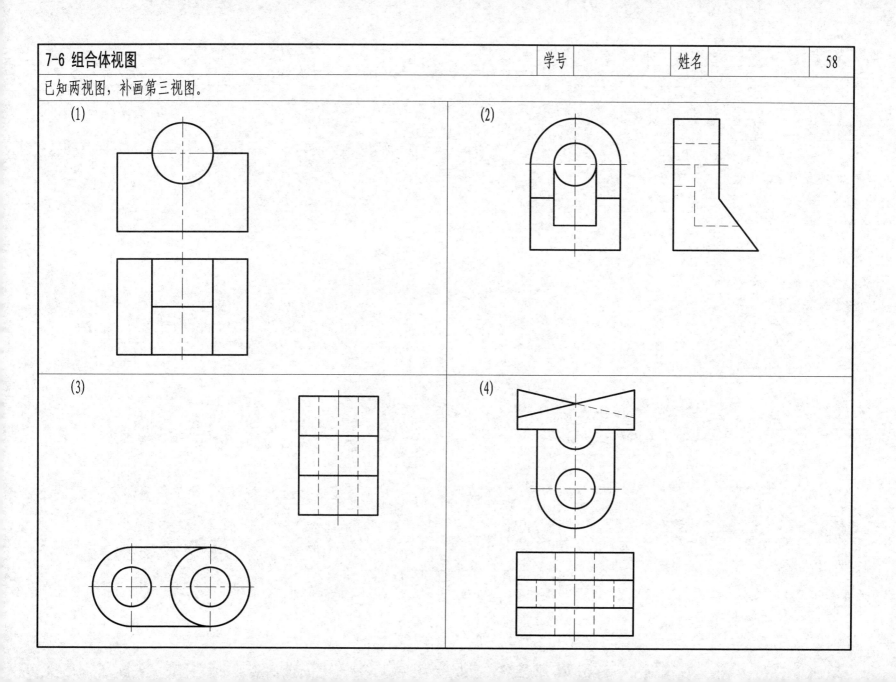

7-7 组合体视图

已知两视图，补画第三视图。

(1)

(2)

(3)

(4)

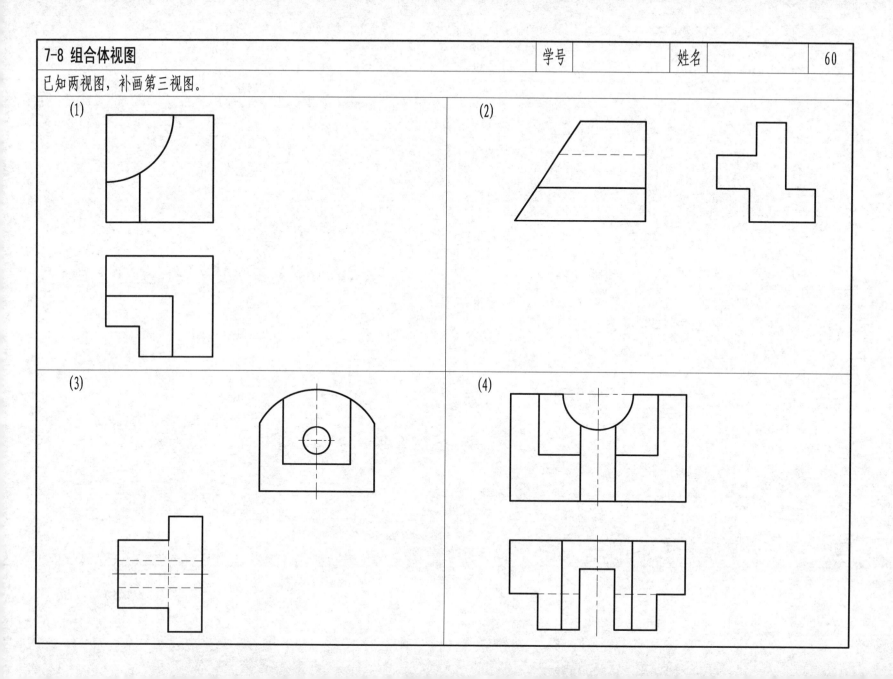

7-9 组合体视图

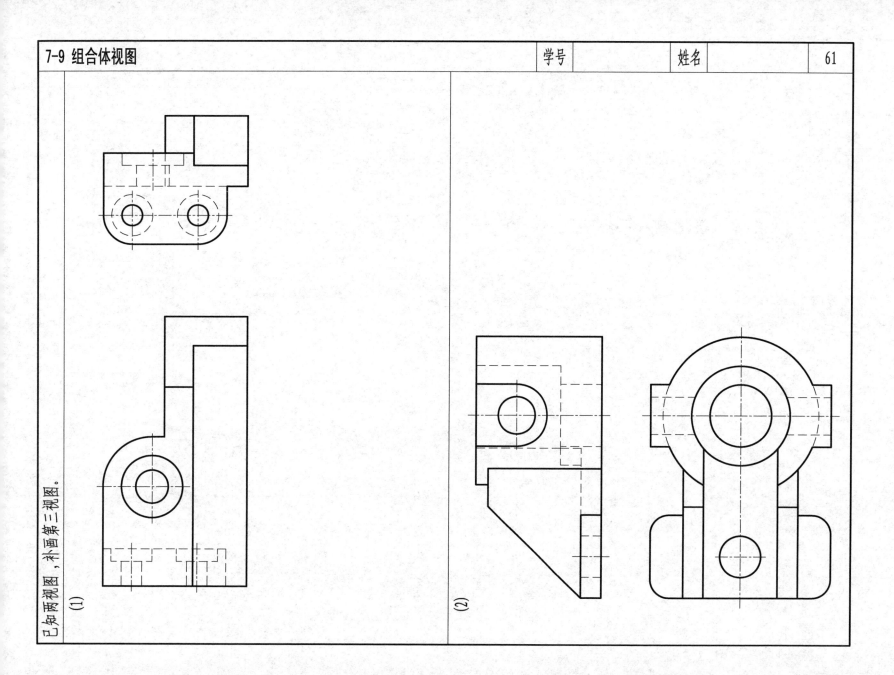

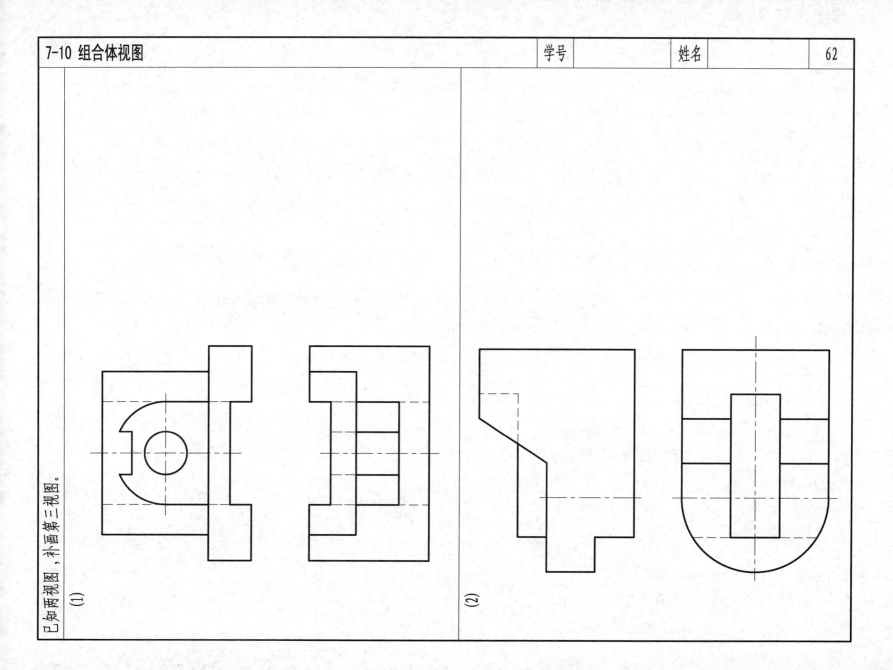

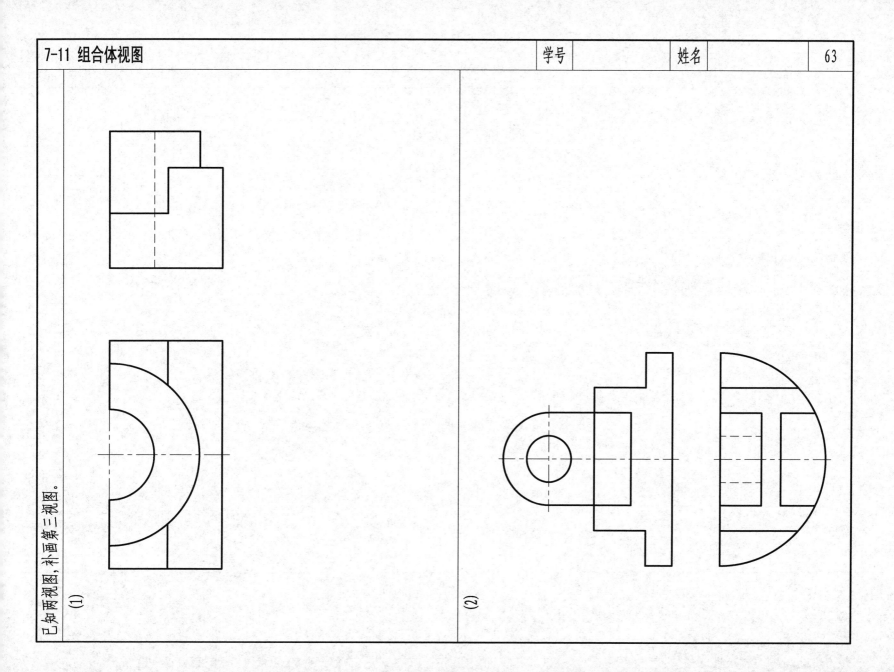

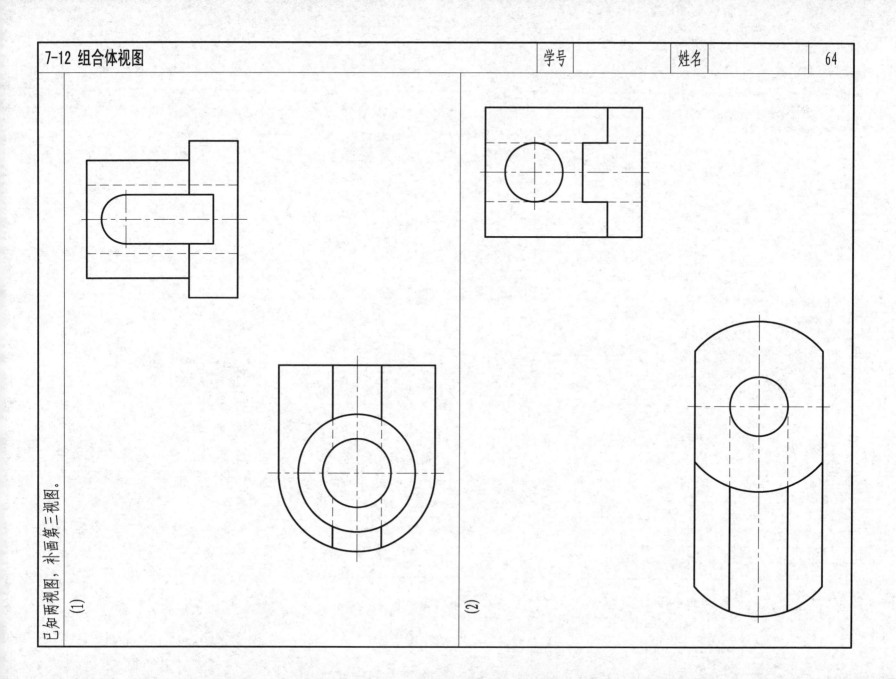

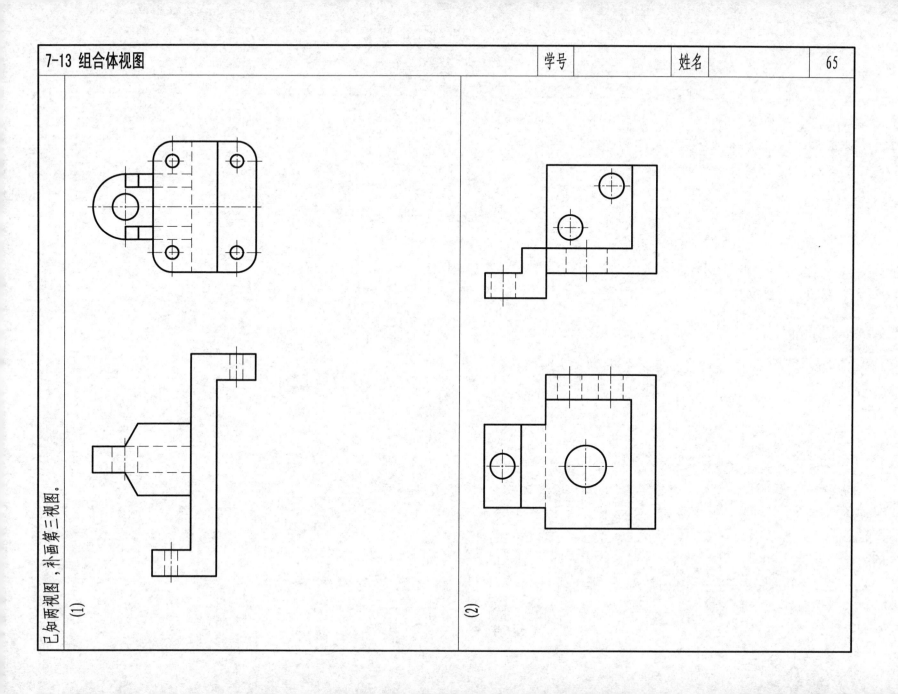

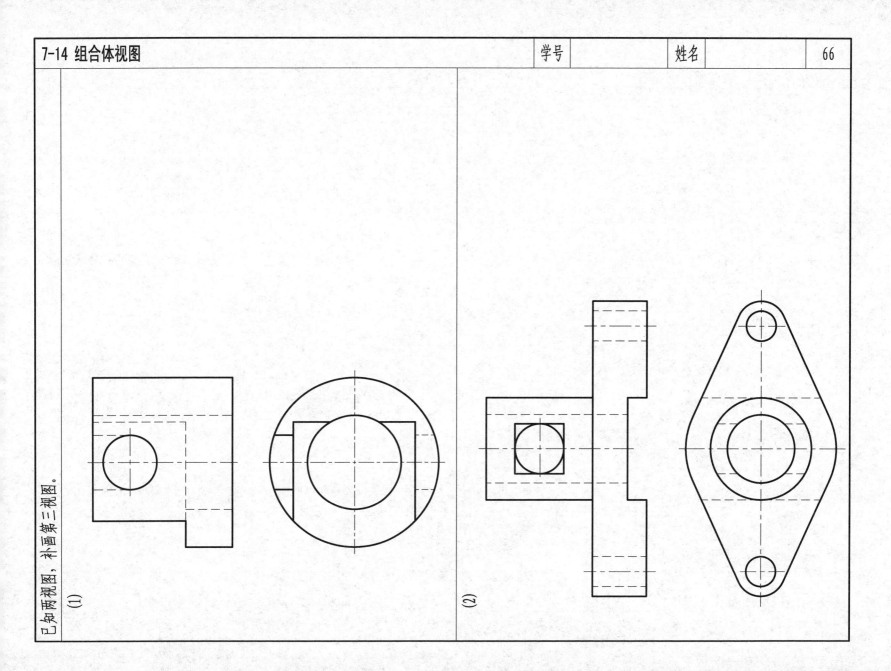

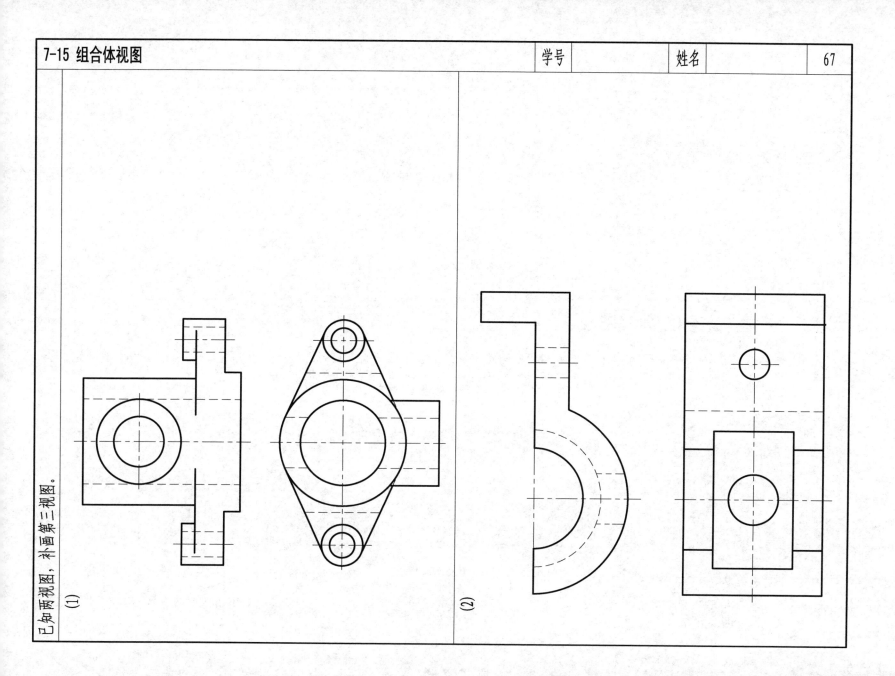

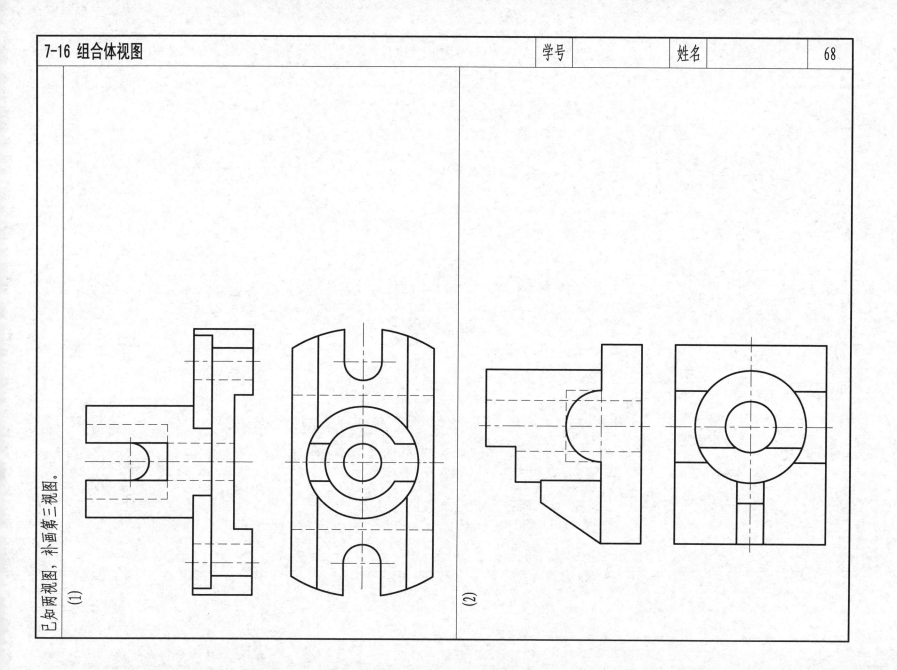

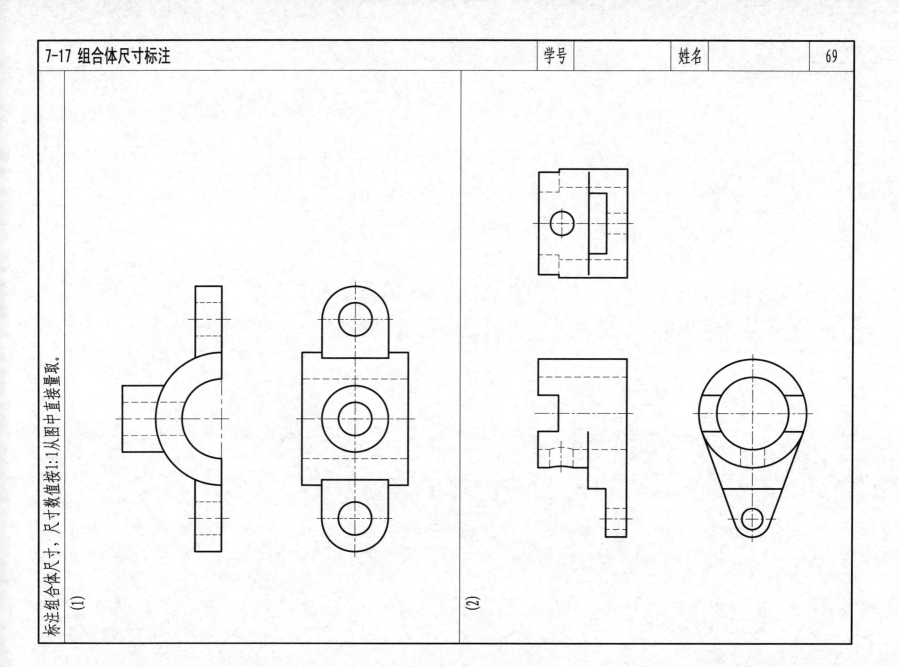

7-18 组合体尺寸标注 | 学号 | 姓名 | 70

标注组合体尺寸，尺寸数值按1:1从图中直接量取。

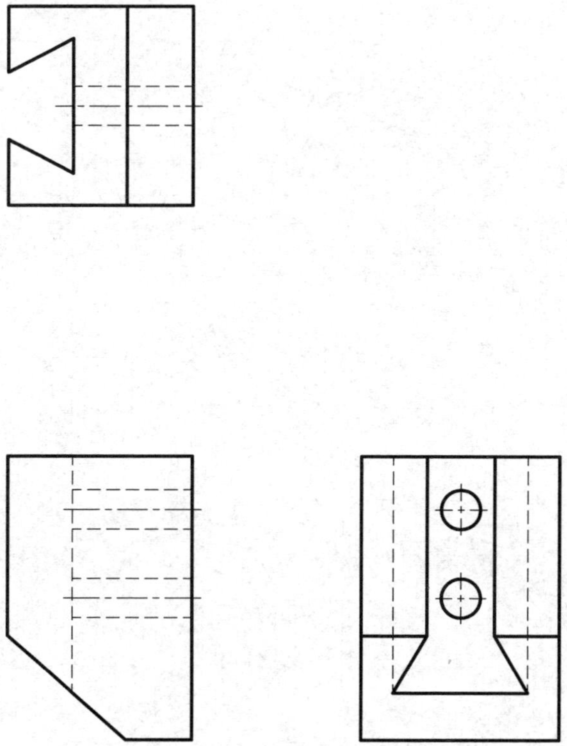

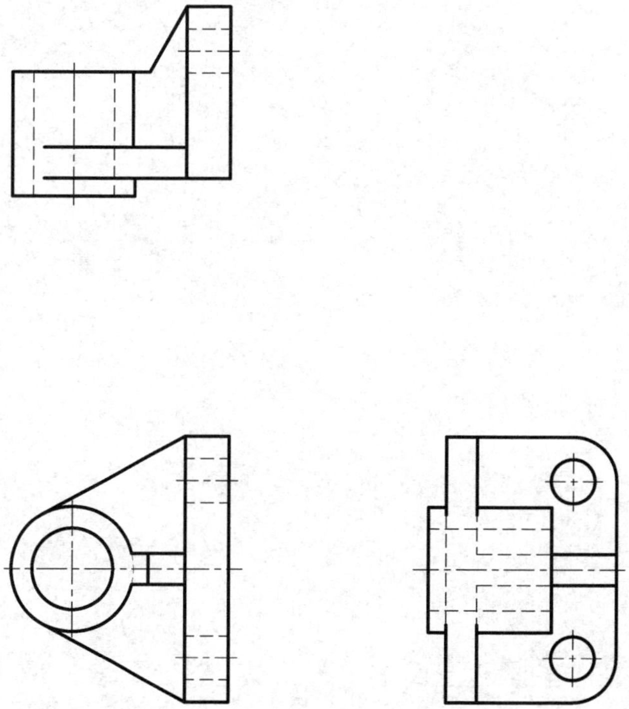

7-19 组合体尺寸标注

71

标注组合体尺寸，尺寸数值按1:1从图中直接量取。

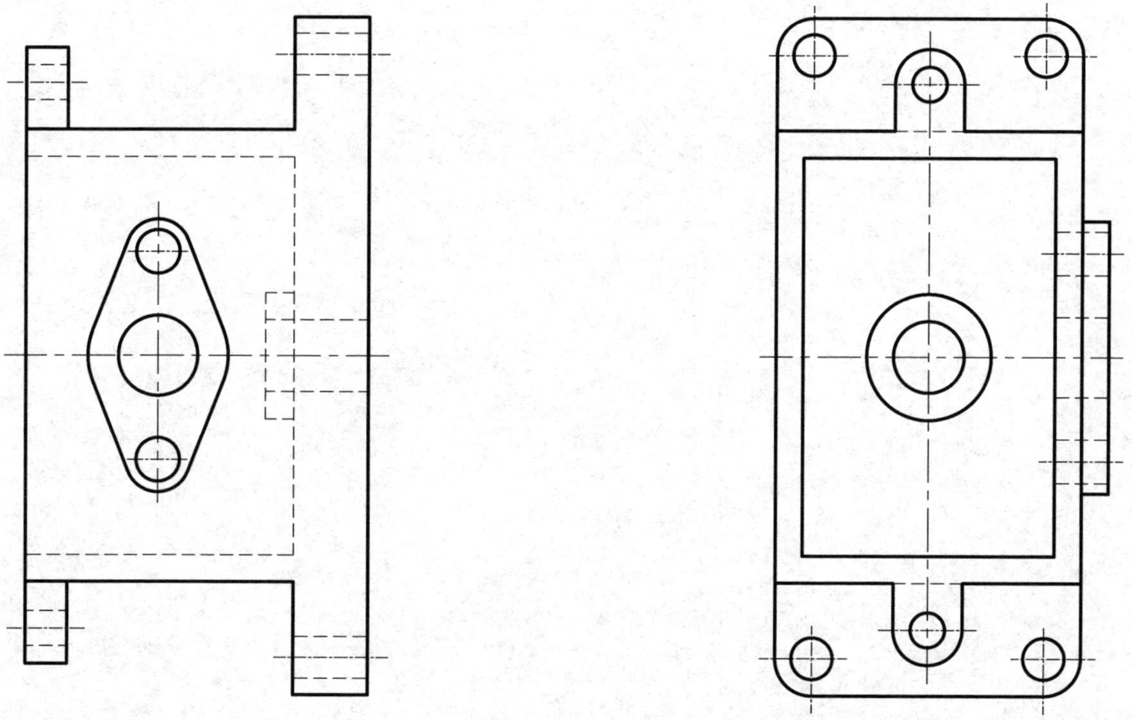

7-20 组合体视图及尺寸标注的综合练习

根据轴测图，画组合体三视图，并标注尺寸。

(1) 内容：

在两组合体中任选一个，在A3图纸上按1:1画出它的三视图，并标注尺寸。图名为"组合体"。

(2) 要求：

正确选择主视图的投影方向，投影必须正确，尺寸标注要合理、规范。

(3) 提示：

①图面布局要匀称，如下图所示。两视图之间要适当多空些，以备标注尺寸。

②图中未注深度的孔、槽均为通孔和通槽。

③注意平面与圆柱相切、相交处的画法。

④用点画线画出回转体轴线的投影。

⑤尺寸标注可参照轴测图，但不能盲目照抄，应按形体分析法，标出定形，定位尺寸，并需标出总体尺寸。

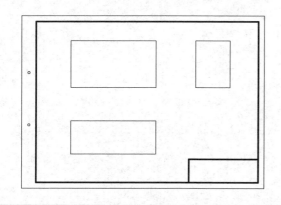

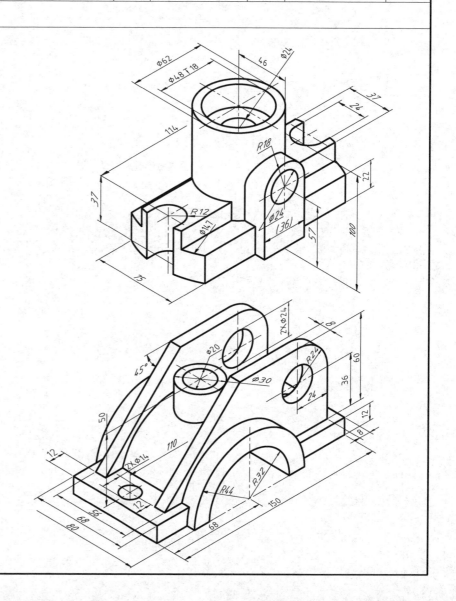

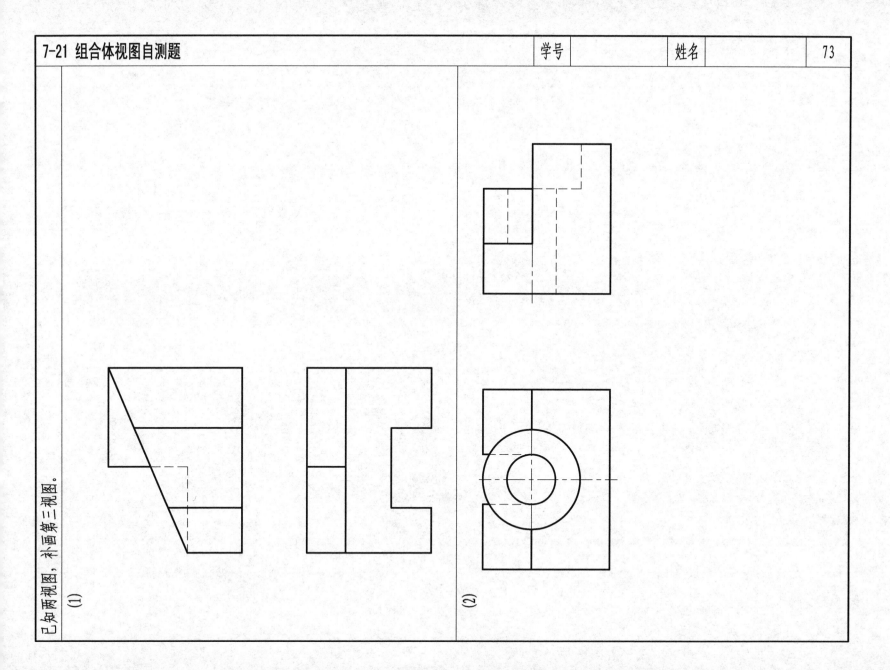

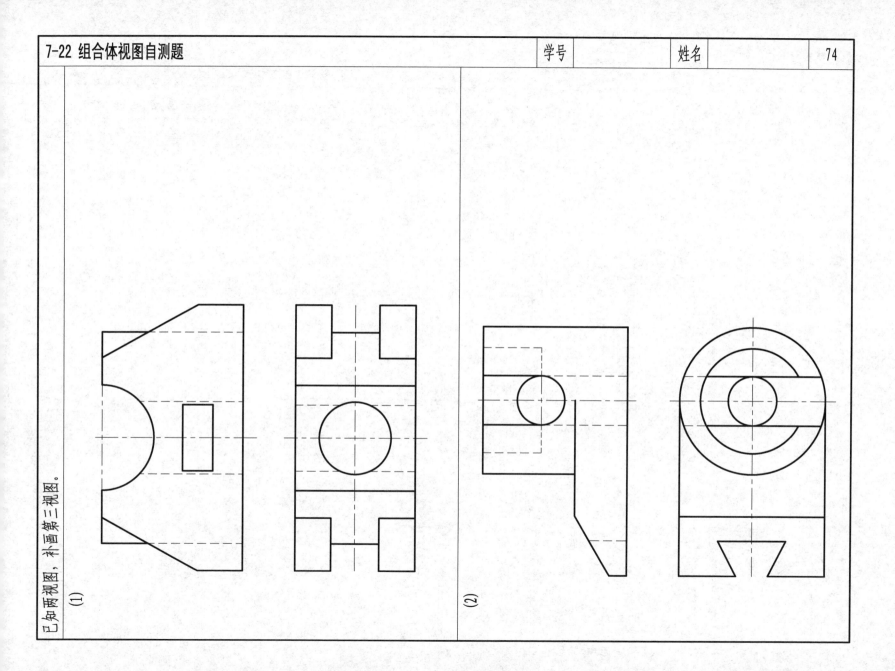

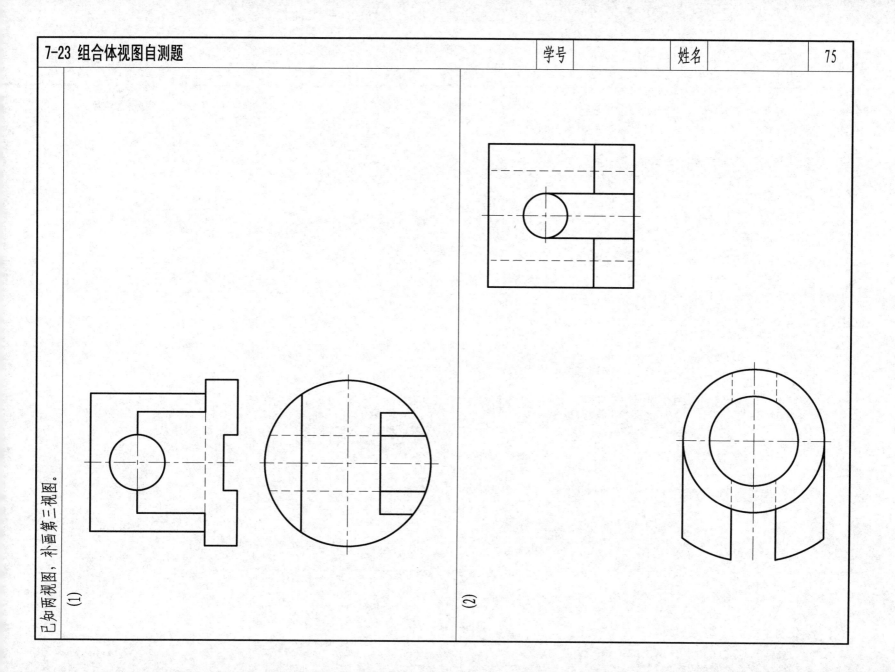

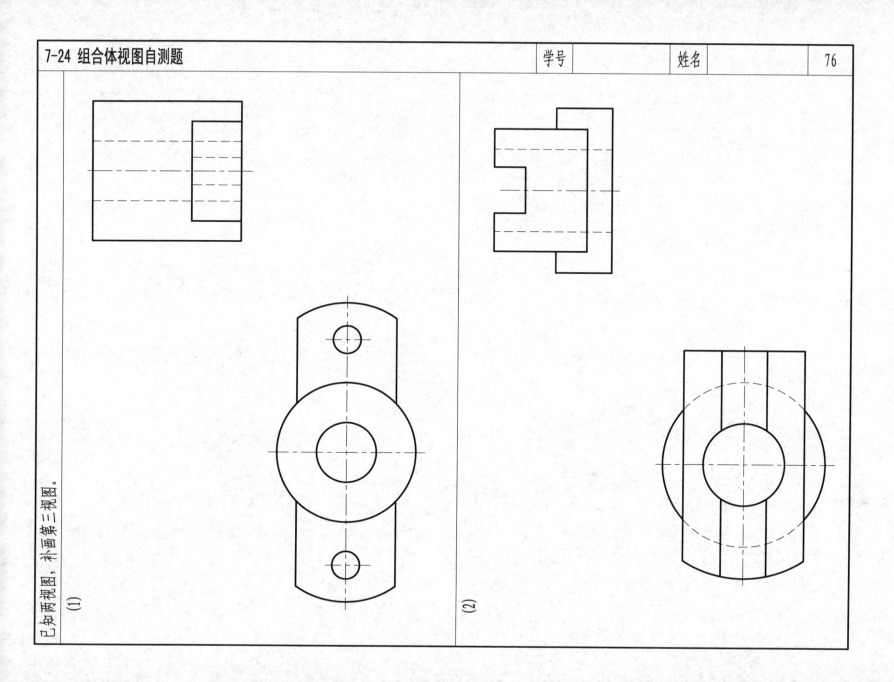

| 8-1 视图 | | 学号 | | 姓名 | | 77 |

看懂所给三视图，画出其余三个基本视图。(虚线不能省略)

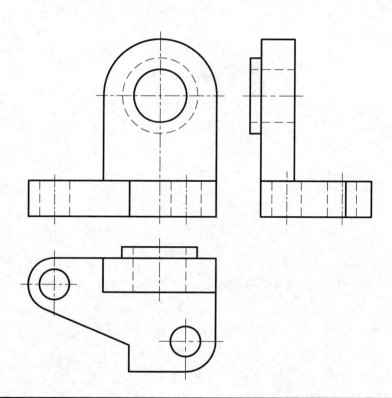

8-2 视图

(1) 根据已知视图，画出A方向斜视图和B方向局部视图。

(2) 将主视图改画成全剖视图。

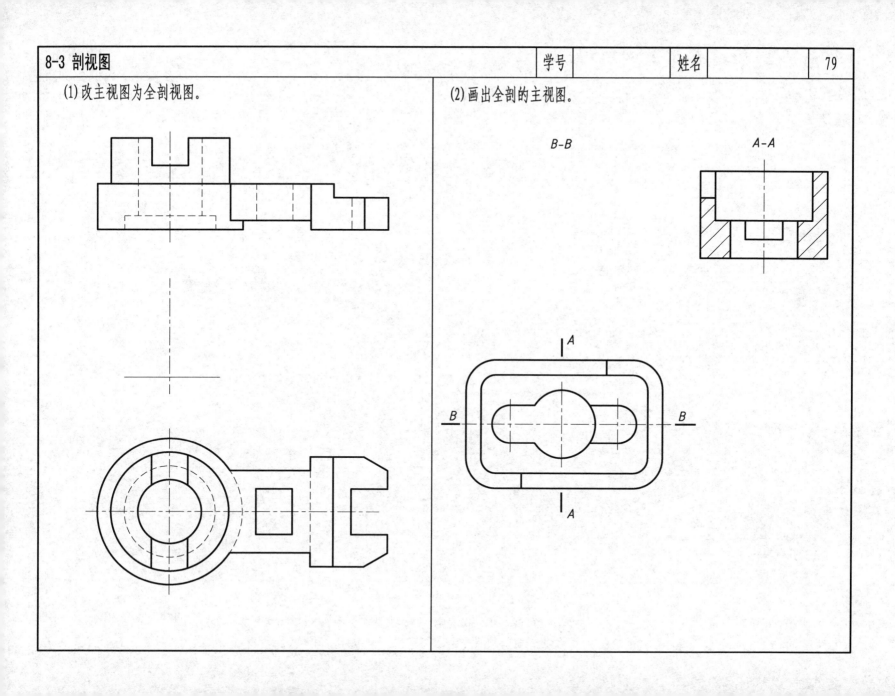

| 8-4 剖视图 | 学号　　　姓名 | 80 |

1、画全剖主视图。

(1)

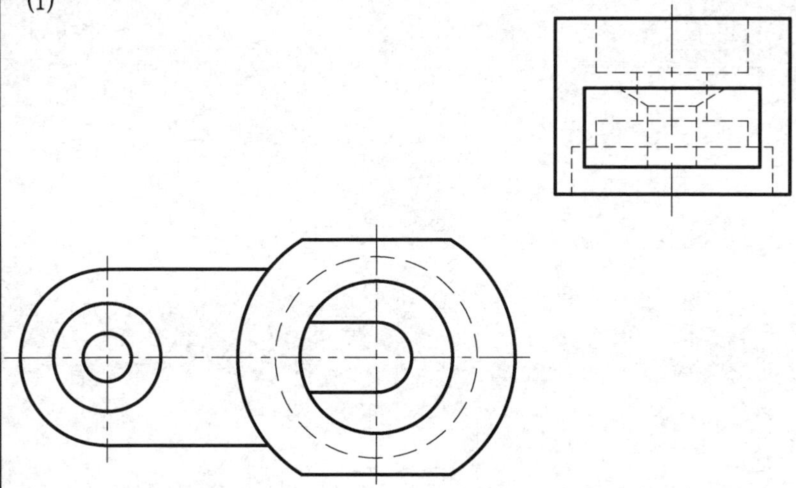

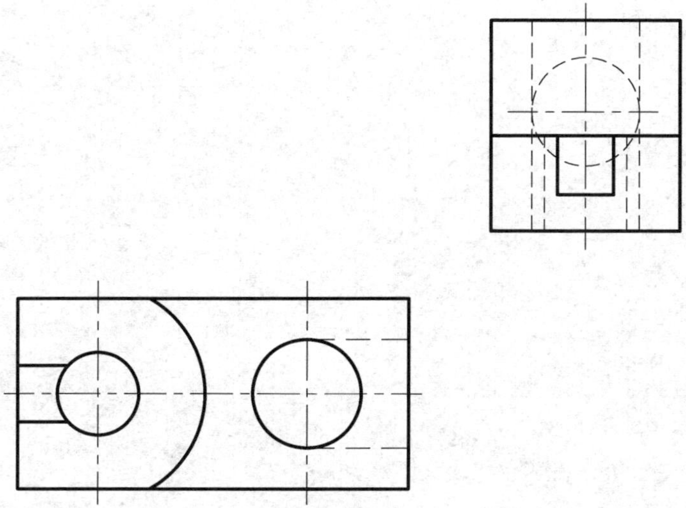

2、改画主视图为半剖视图，并画出全剖左视图。

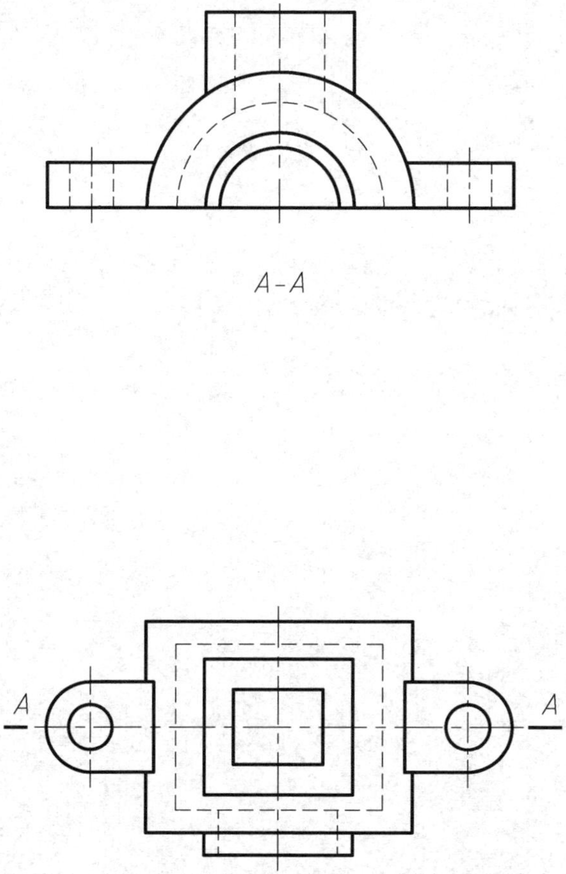

A-A

(2)

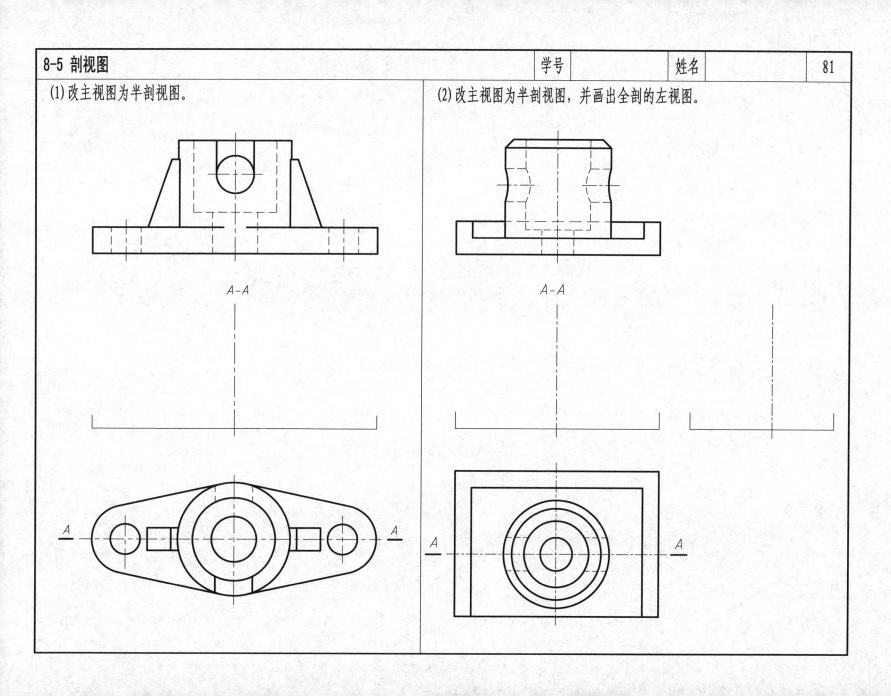

8-6 剖视图

根据已知的主、俯视图，在右侧指定位置重新用半剖主、俯视图与全剖左视图表达该机件。

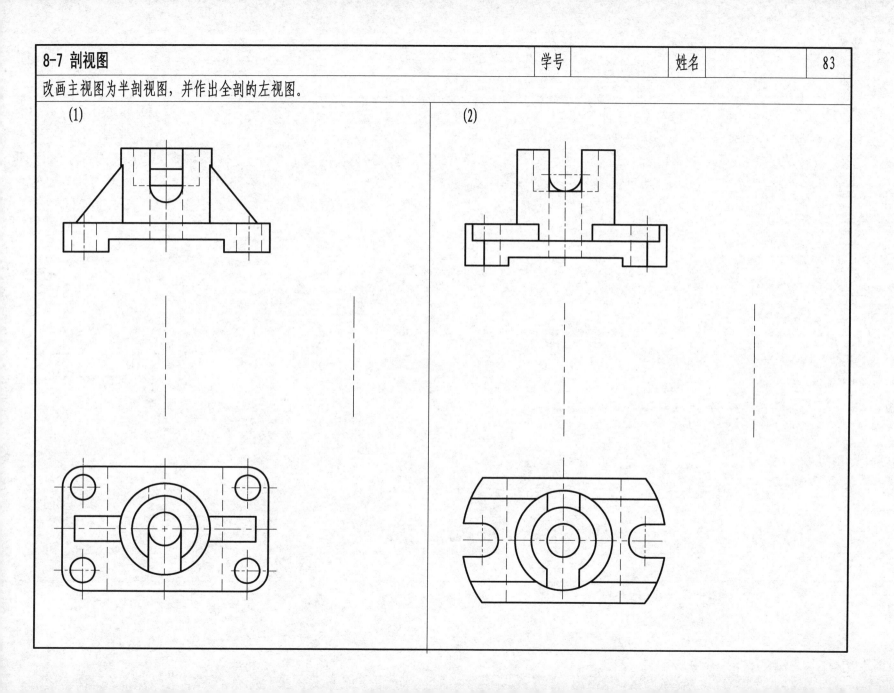

8-8 剖视图　　学号　　姓名　　84

按照给定的局部剖切范围，补全右侧局部剖视图。

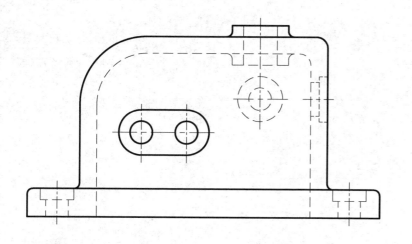
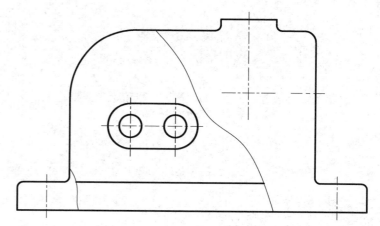
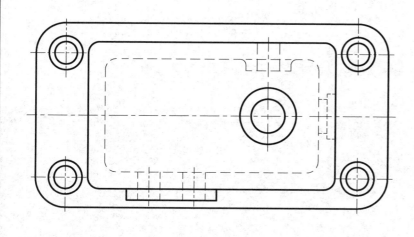
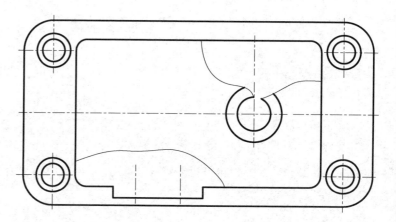

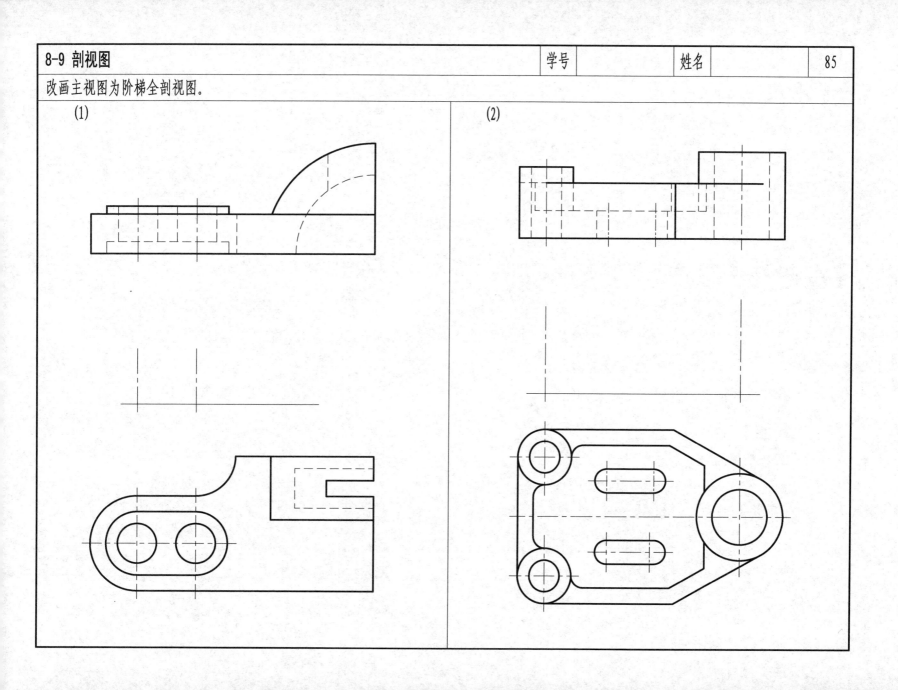

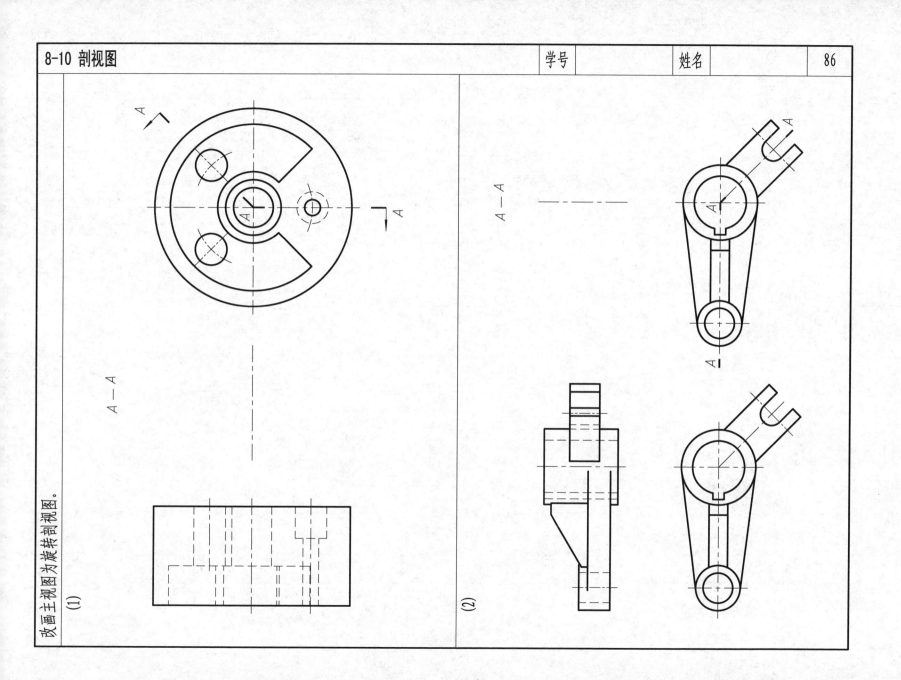

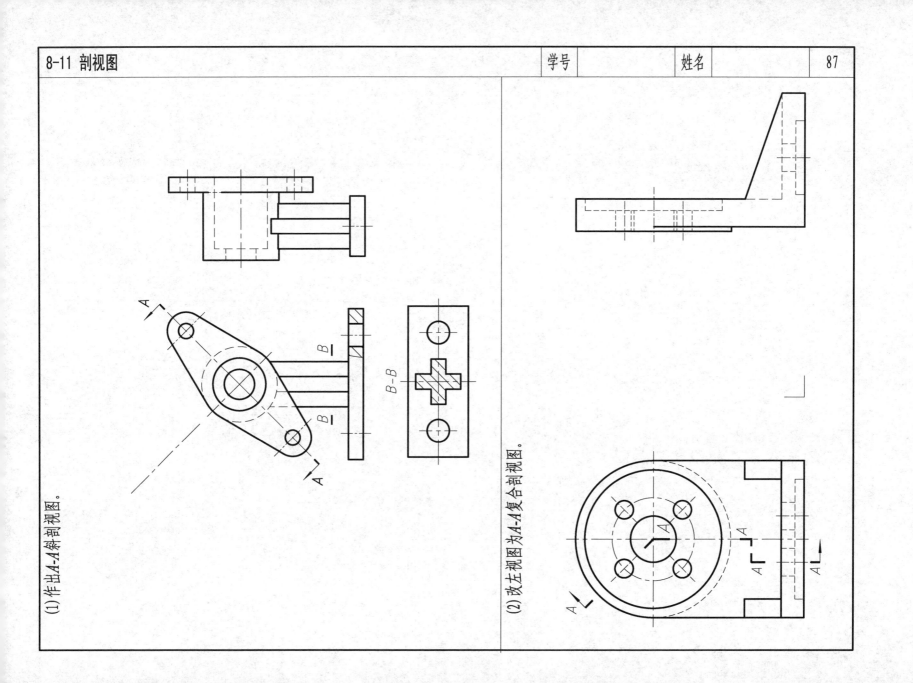

8-12 断面图

(1) 在阶梯轴上作出各指定位置的断面图。(左面键槽深4mm，右面键槽深3mm)

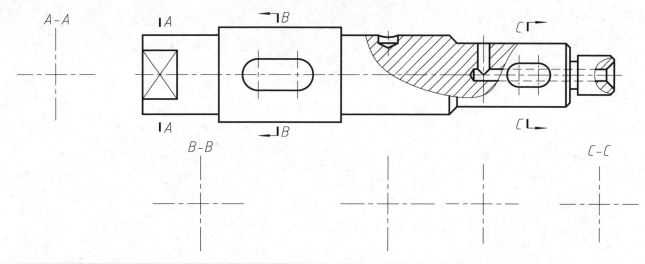

(2) 求作中间结构的移出断面图。

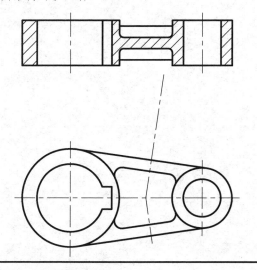

(3) 画出指定位置的重合断面图。

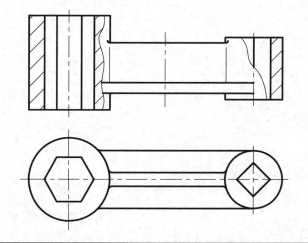

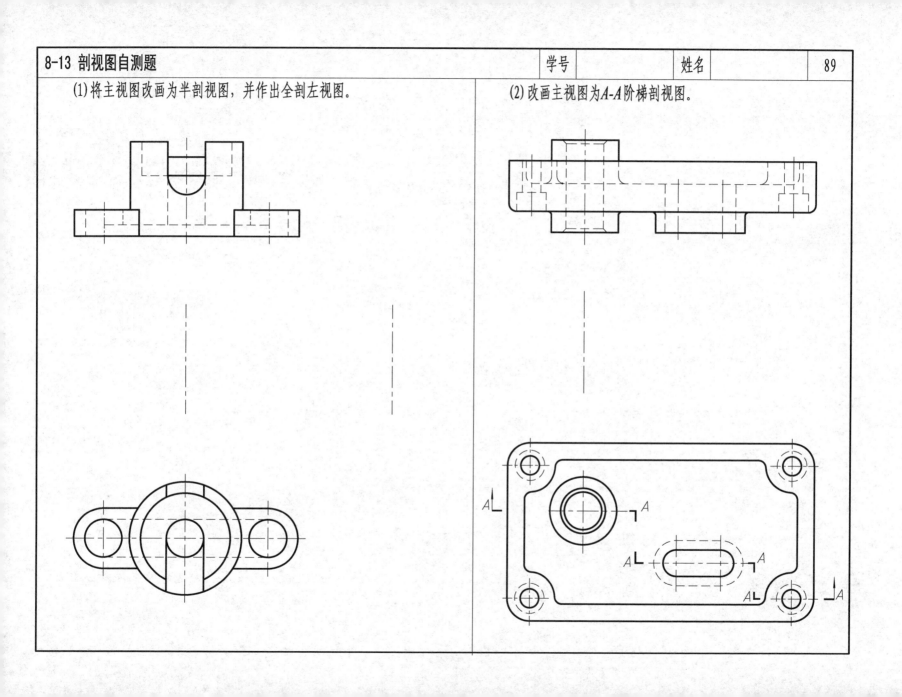

8-14 剖视图自测题

(1) 改画主视图为旋转剖视图。

(2) 改画主、俯视图为局部剖视图。

8-15 表达方法的综合练习

选用适当的表达方法，在A3图纸上按1:1画出该机座零件，并标注尺寸。

(1) 要求：

根据所给视图，在A3图纸上综合应用所学的各种表达方法进行表达。作图比例按1:1，并标注尺寸。图线要符合国家机械制图标准。尺寸标注要完整、正确、清晰、合理。

(2) 提示：

① 图中虚线应尽量省略不画。
② 注意剖切位置的标注。

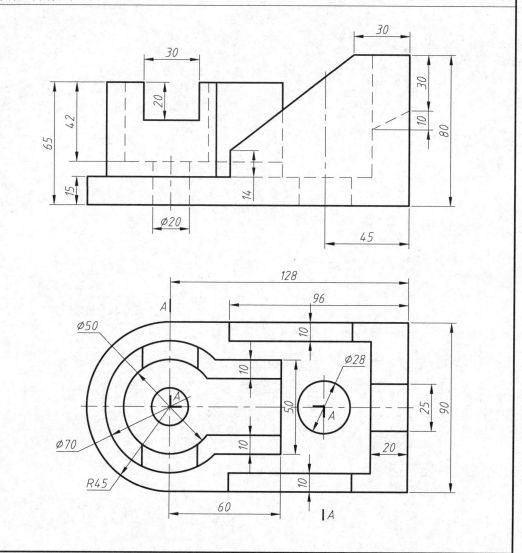

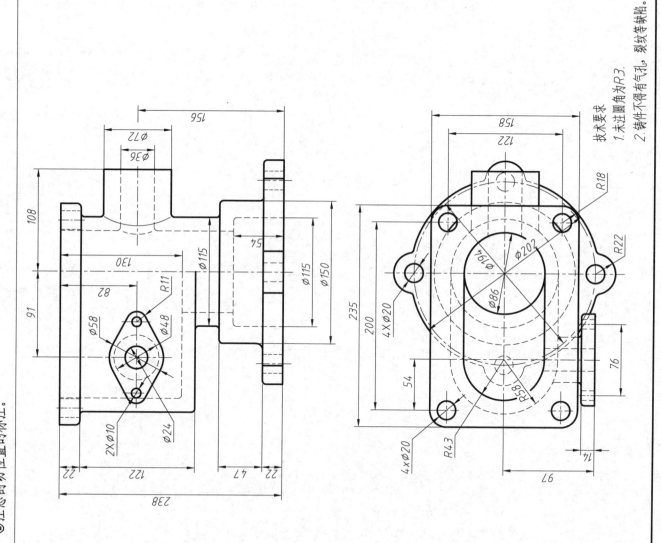

8-17 表达方法的综合练习

选用适当的表达方法，在A3图纸上按1:1画出该机座零件，并标注尺寸。

(1) 要求：

根据所给视图，在A2图纸上综合应用所学的各种表达方法进行表达。作图比例按1:1，并标注尺寸。图线要符合国家机械制图标准。尺寸标注要完整、正确、清晰、合理。

(2) 提示：

① 图中虚线应尽量省略不画。
② 注意剖切位置的标注。

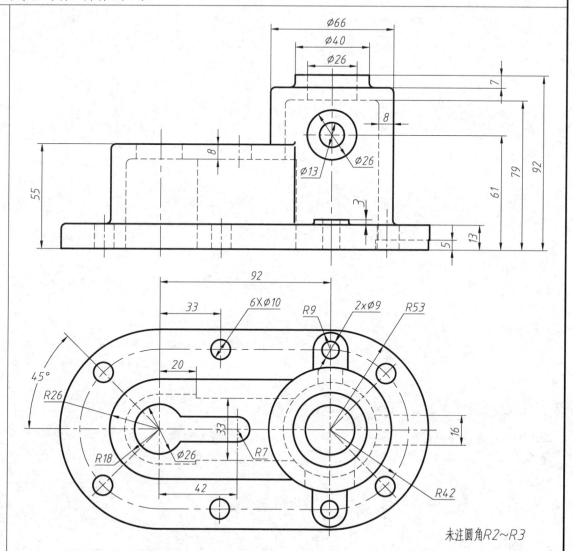

未注圆角R2~R3

8-18 表达方法的综合练习　　　　学号　　　姓名　　　94

根据所示物体的轴测图，选择合理的表达方案，使用合适的绘图比例在草图纸上徒手绘制所选择的视图表达方案。

(1)
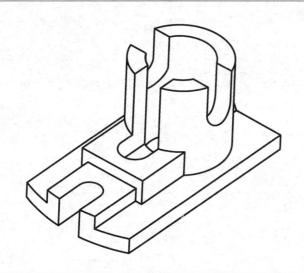
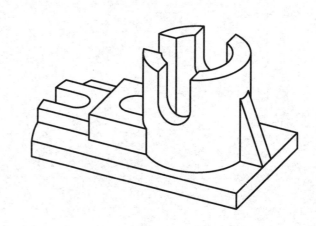

(2)
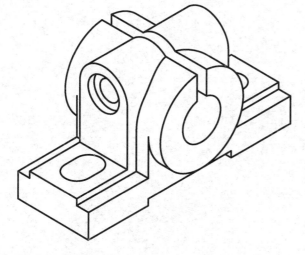

(3)
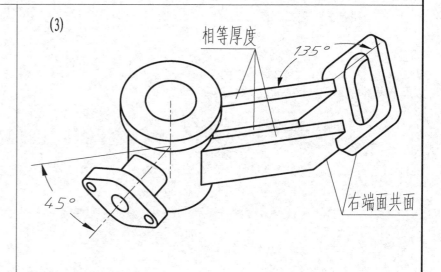

相等厚度　135°　45°　右端面共面

9-1 螺纹

(1) 普通细牙螺纹：大径24mm，螺距2mm，中径、顶径公差带代号为5g，短旋合长度，并标注螺纹尺寸。

(2) 非螺纹密封的管螺纹：尺寸代号3/4，A级，标注螺纹尺寸。

(3) 用螺纹密封的管螺纹：尺寸代号为1/2，标注螺纹尺寸。

(4) 锯齿形螺纹：大径为40mm，导程8mm，线数2，右旋，标注螺纹尺寸。

(5) 根据螺纹标记查出表内要求的各项内容，并逐一填上。

螺纹标记	螺纹种类	大径	螺距	导程	线数	公差带代号	旋向
M20-6H6G							
M20×1.5LH-6g7h							
Tr48×16(P8)LH-7e							

9-2 螺纹

(1) 螺杆直径为20mm，左端加工有40mm长的螺纹，代号为M20，螺纹端部有2×45°的倒角。试画出螺杆的主、左视图，并标注螺纹尺寸。

(2) 金属体上有M20的螺纹孔，光孔深为45mm，螺纹孔深为35mm，孔口有2×45°的倒角，试完成主、左视图(主视图为全剖视图)，并标注螺纹尺寸。

(3) 将题(1)的螺杆拧入题(2)的螺纹孔内，拧入深度为25mm，试画出内外螺纹连接后的全剖主视图和A-A全剖左视图。

9-3 连接件

查表确定下列连接件的尺寸,并写出其规定的标记。

(1) 代号GB/T5782的A级六角头螺栓。

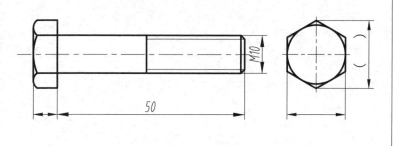

规定标记 _____

(2) 代号GB/T898-1988的B型双头螺柱。(旋入端bm=15mm)

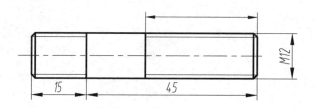

规定标记 _____

(3) 代号GB/T6170的A级1型六角螺母。

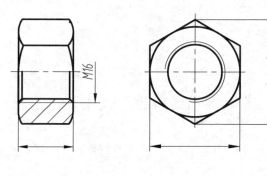

规定标记 _____

(4) 代号GB/T97.1的A级平垫圈。(公称直径为12mm)

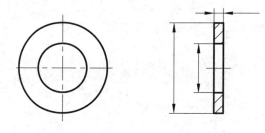

规定标记 _____

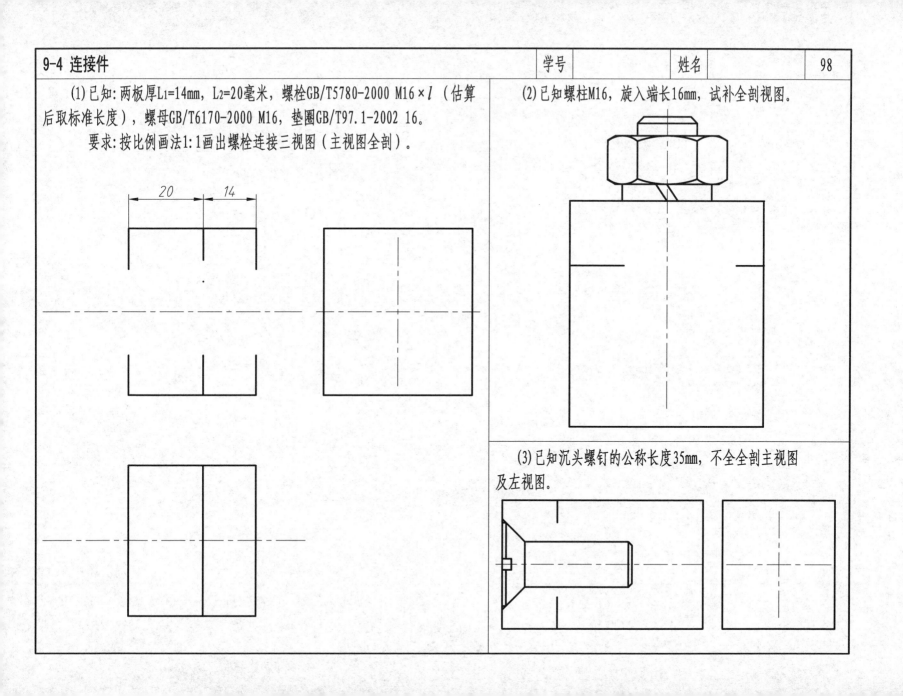

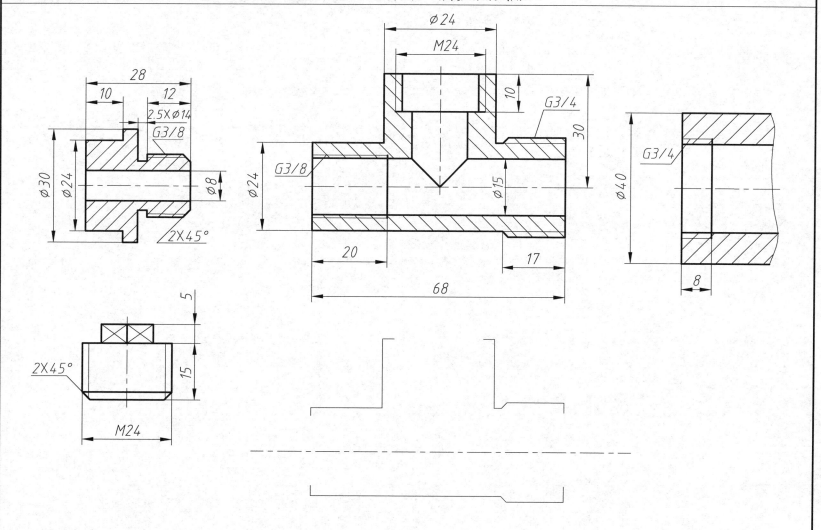

9-6 连接件

用A型普通平键联结轴和轮毂，已知轴径为30mm。

(1) 根据轴径 φ30，查表选定键的尺寸，标出轴和轮毂上的键槽尺寸，按1:1补全键的联接图。
(2) 写出键的规定标记。

轮毂上键槽

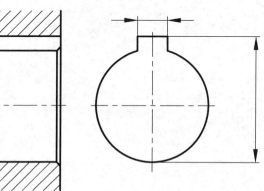

键的联接画法

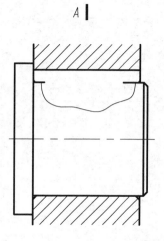

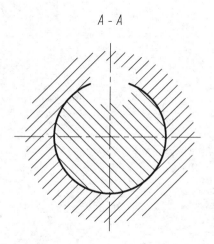

轴上键槽

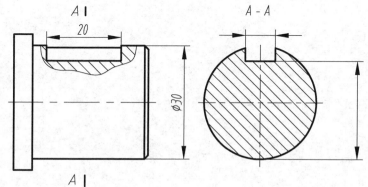

键的规定标记: _____

9-7 连接件

学号　　　　姓名　　　　101

在A3图纸上用1:1画出螺纹连接件的连接图，图面布置如下图所示。

(1) 画螺钉连接图。（螺钉 GB/T68-2000 M10×50）

(2) 画螺栓连接图。（螺栓 GB/T5782-2000 M16×*l*，螺母 GB/T41-2000 M16，垫圈 GB/T97.1-2002 16）

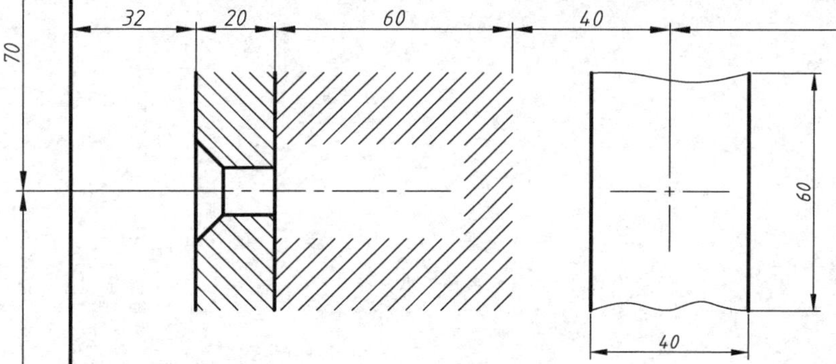

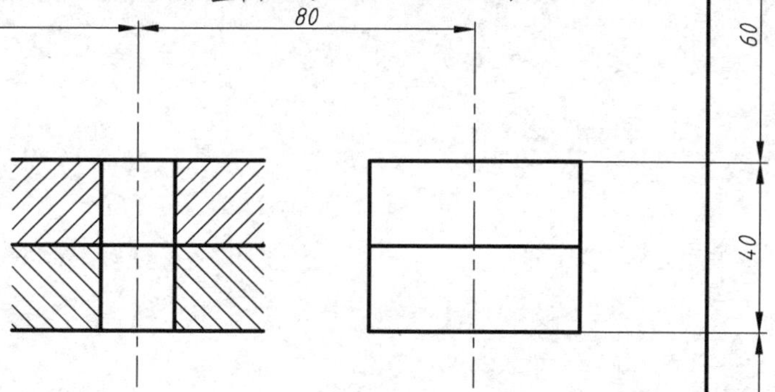

(3) 画螺柱连接图。（螺柱 GB898-1988 M16×*l*，螺母 GB41-2000 M16，垫圈 GB93-1987 16）。

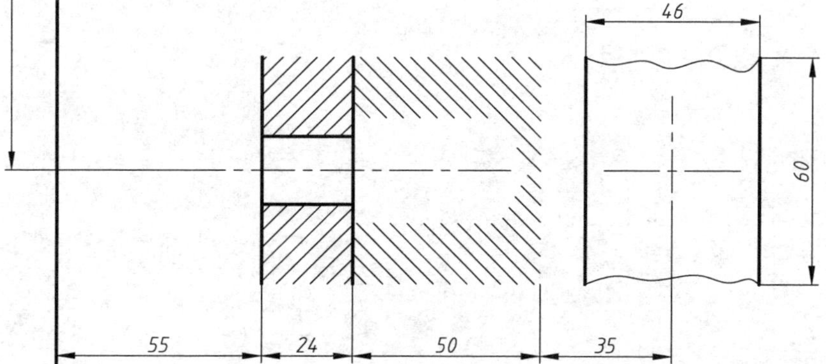

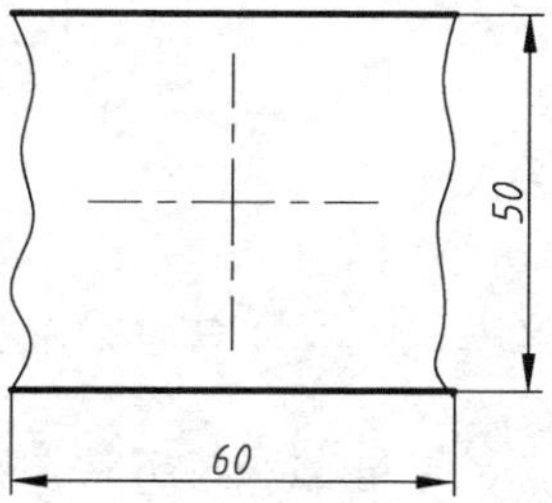

提示：
① 图中各项尺寸不要抄注，但必须在连接图的上方写出连接件的规定标记。
② 连接件均按比例画法绘制，规定标记中的公称长度*l*由计算后查表确定。
③ 螺柱连接中注意弹簧垫圈开口方向。

螺纹连接	比例		(图号)
	数量		
制图　　(日期)	重量		材料
描图　　(日期)	上海大学		
审核　　(日期)			

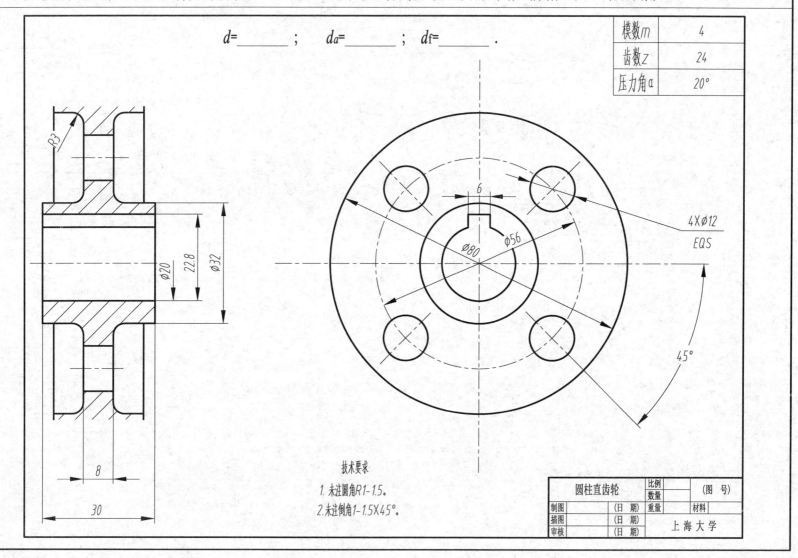

| 9-9 齿轮 | | 学号 | | 姓名 | | 103 |

已知大齿轮的模数m=4,齿数z_1=38,两轮的中心距a=110mm,试计算大小两齿轮分度圆、齿顶圆和齿根圆的直径及传动比(小齿轮为主动轮,轮齿倒角2×45°)。并按1:2完成下列直齿圆柱齿轮的啮合图。

$d_1 =$

$d_{a1} =$

$d_{f1} =$

$d_2 =$

$d_{a2} =$

$d_{f2} =$

$i =$

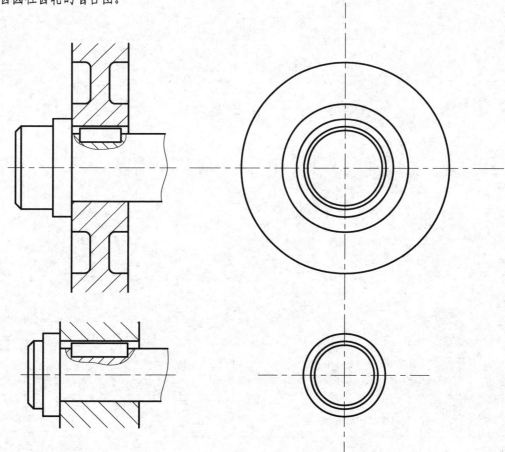

| 9-10 齿轮 | 学号 | 姓名 | 104 |

左上方小图给出一对相互啮合锥齿轮的主视图，已知 $m=3$，$z_1=16$，$z_2=24$，按1:1画出其啮合的主视图和左视图。（键槽尺寸按轴孔直径查表确定）

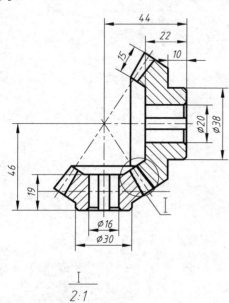

倒角1×45°

9-11 连接件、弹簧

(1) 齿轮与轴用直径为10的圆柱销联接,写出圆柱销的规定标记,并画全销联接的剖视图。(销公差为m6,长度为45mm)。

(2) 已知圆柱螺旋压缩弹簧簧丝直径$d=5$,弹簧中经$D_2=40$,节$t=10$,弹簧自由长度$H_0=76$,支承圈数$n_2=2.5$,右旋。试画出弹簧的全剖视图,并标注尺寸。

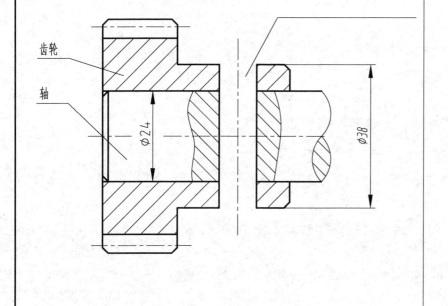

9-12 连接件自测题

根据给出的连接件标记代号和主视图中指出的连接件位置，补全全剖主视图。（比例1:1）

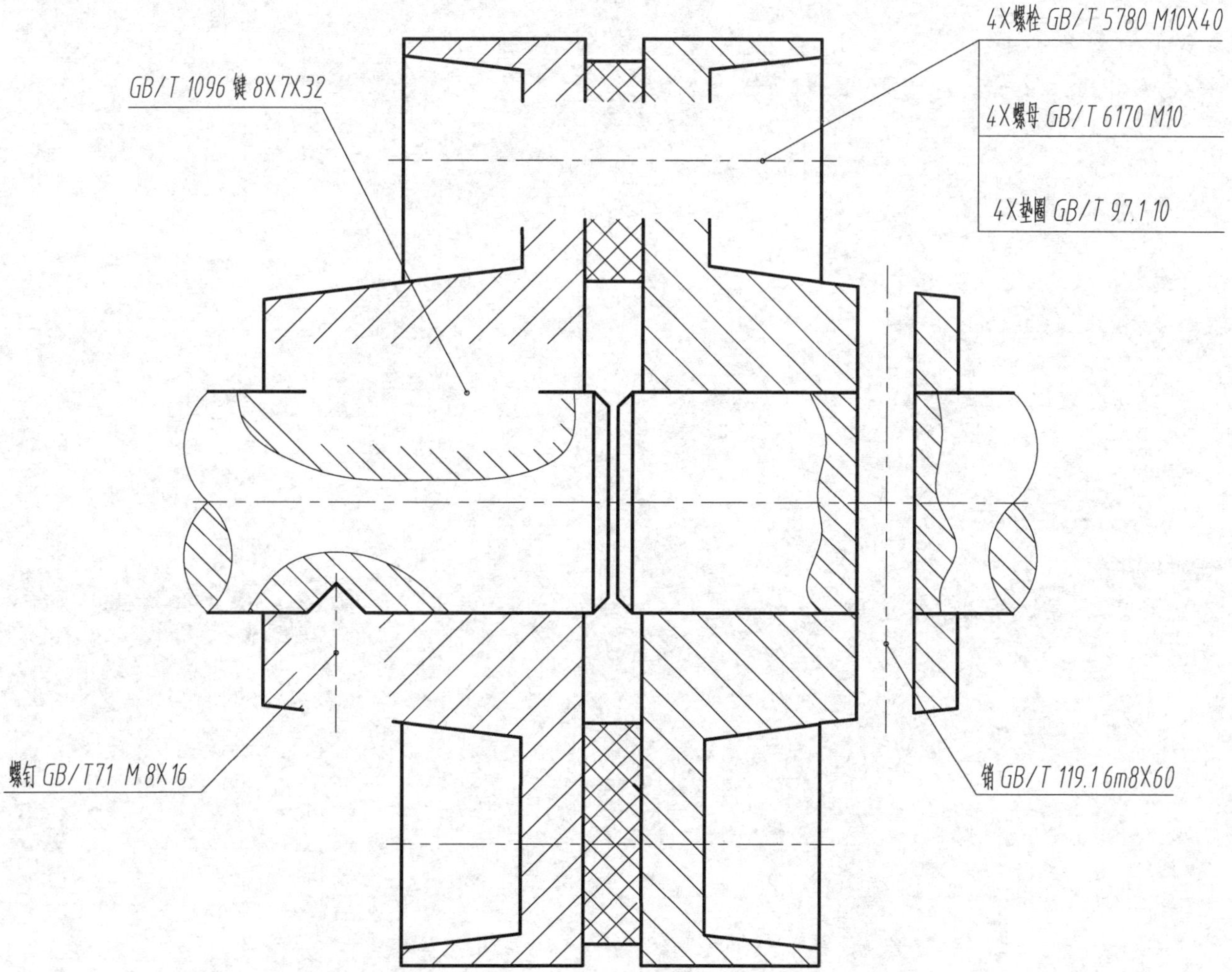

- GB/T 1096 键 8X7X32
- 4X螺栓 GB/T 5780 M10X40
- 4X螺母 GB/T 6170 M10
- 4X垫圈 GB/T 97.1 10
- 螺钉 GB/T 71 M 8X16
- 销 GB/T 119.1 6m8X60

10-1 表面粗糙度

根据下列表面粗糙度要求,在视图上标注表面粗糙度代符号。

(1)

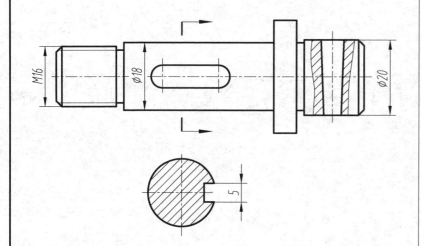

① $\phi20$、$\phi18$ 圆柱面表面粗糙度 Ra 的上限值为 $1.6\mu m$;
② M16 螺纹工作表面粗糙度 Ra 的上限值为 $1.6\mu m$;
③ 键槽两侧面表面粗糙度 Ra 的上限值为 $3.2\mu m$;
   底面表面粗糙度 Ra 的上限值为 $6.3\mu m$;
④ 其余表面粗糙度 Ra 的上限值为 $12.5\mu m$。

(2)

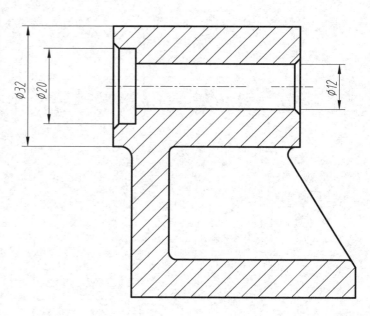

① $\phi32$ 圆柱体左右两端面 Ra 最大允许值为 $12.5\mu m$;
② $\phi20$ 圆柱孔表面 Ra 最大允许值为 $3.2\mu m$;
③ $\phi12$ 圆柱孔表面 Ra 最大允许值为 $1.6\mu m$;
④ 底面 Ra 最大允许值为 $12.5\mu m$;
⑤ 其余表面均为不进行切削加工面。

10-2 公差与配合

(1) 查表注出下列零件配合面的尺寸偏差值，并填空和标注。

$\phi 60H7/k6$：其中_____为基本尺寸，_____为配合代号。

H7为孔的_____代号，孔的基本偏差为___，标准公差等级为___级。

k6为轴的_____代号，轴的基本偏差为___，标准公差等级为___级。

孔与轴组成基___制___配合。

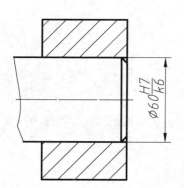

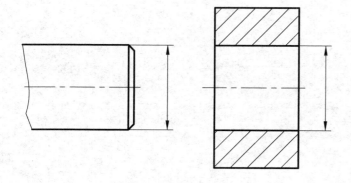

(2) 根据下列要求，在装配图上标注配合尺寸，在零件图上用公差带代号标注尺寸。

① 减速箱箱孔和轴承外径配合处的基本尺寸为$\phi 86$，选用公差等级为7级与基本偏差为K的孔和公差，等级为6级与基本偏差为h的轴承外径形成过渡配合。

② 轴承内径和轴配合处的基本尺寸为$\phi 42$，选用公差等级为7级与基本偏差为H的轴承内径和，基本偏差为k与公差等级为6级的轴形成过渡配合。

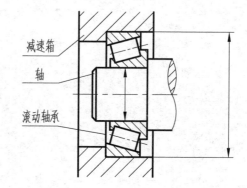

装配图(局部)

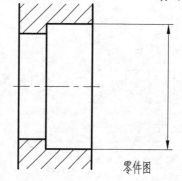 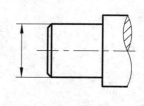

零件图

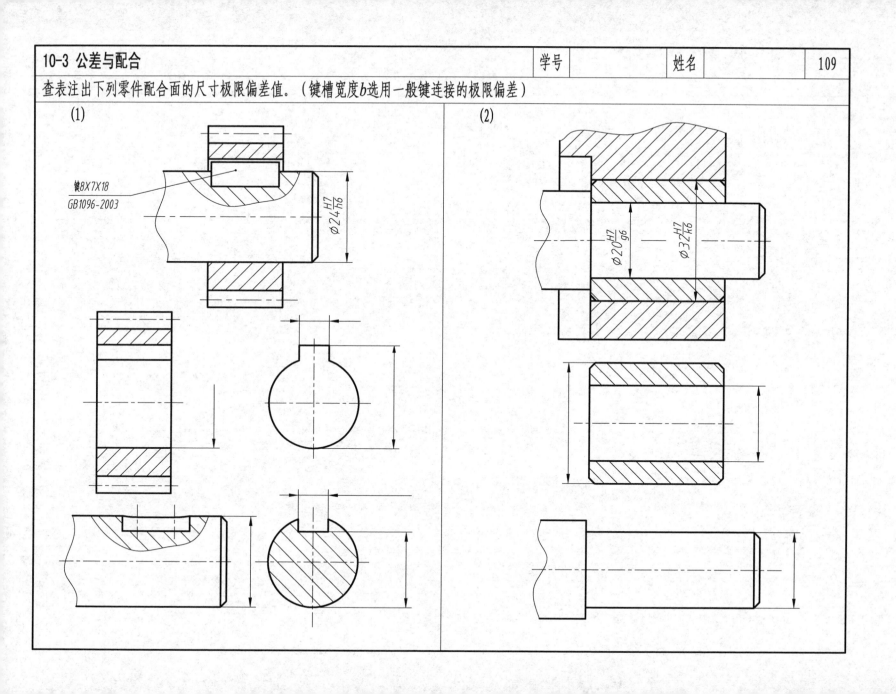

| 10-4 形位公差 | 学号　　　姓名 | 110 |

根据文字说明，将形位公差的要求用代号标注在图上。　　将形位公差代号上的数字编号填入文字说明前的括号内。

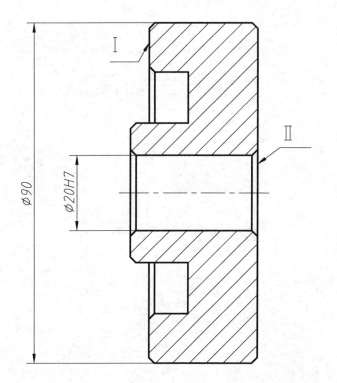

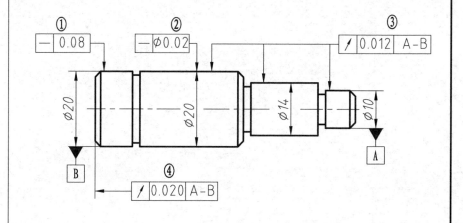

① Ⅰ面对Ⅱ面的平行度公差为0.025;
② φ90圆柱面对φ20H7轴线的径向圆跳动公差为0.025;
③ Ⅱ面对φ20H7轴线的垂直度公差为0.04;
④ Ⅱ面的平面度公差为0.015。

（　）φ20、φ14、φ10圆柱面对φ10和φ20组成的公共轴心线的径向圆跳动公差为0.012。
（　）φ20轴心线的直线度公差为φ0.02。
（　）左端面对φ20和φ10组成的公共轴心线的端面圆跳动公差为0.020。
（　）φ20圆柱素线的直线度公差为0.08。

10-5 读零件图

看懂套筒零件图,并作下列练习题。

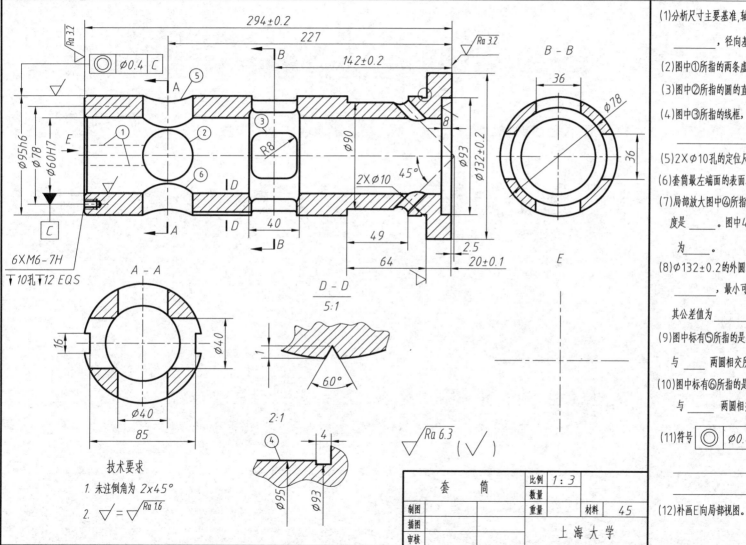

(1) 分析尺寸主要基准,轴向基准是 _____ _____ ,径向基准是 _____ 。
(2) 图中①所指的两条虚线间距为 _____ 。
(3) 图中②所指的圆的直径为 _____ 。
(4) 图中③所指的线框,其定形尺寸为 _____ 。
(5) 2×φ10孔的定位尺寸为 _____ 。
(6) 套筒最左端面的表面粗糙度是 _____ 。
(7) 局部放大图中④所指位置的表面粗糙度是 _____ 。图中4处所标▽粗糙度为 _____ 。
(8) φ132±0.2的外圆最大可以加工成 _____ ,最小可加工成 _____ 其公差值为 _____ 。
(9) 图中标有⑤所指的是由 _____ 与 _____ 两圆相交所形成的相贯线。
(10) 图中标有⑥所指的是由 _____ 与 _____ 两圆相交形成的相贯线。
(11) 符号 ◎ φ0.4 C 的含义是 _____ _____ 。
(12) 补画E向局部视图。

10-6 读零件图

看懂端盖零件图，并作下列练习题。

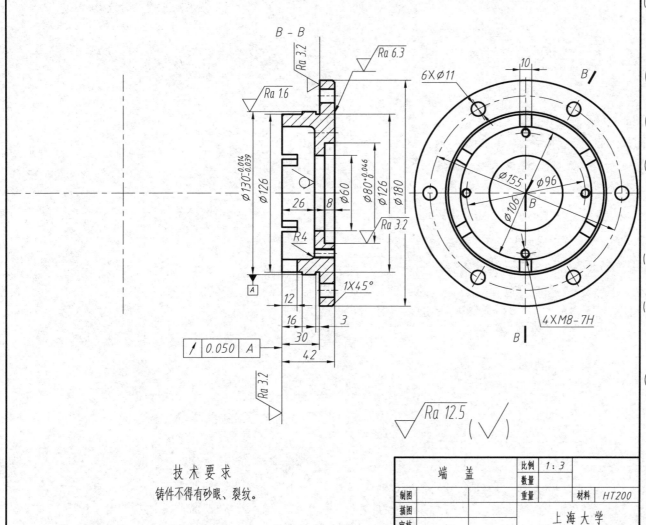

技术要求
铸件不得有砂眼、裂纹。

(1) 该零件采用了_____和_____两个视图表达，主视图采用_____，剖切方法为_____。

(2) 端盖左端有____个槽，槽宽为____，槽深为____。

(3) 端盖周围有____个孔，它的直径为____，定位尺寸为____。

(4) 图中 $\phi 130_{-0.039}^{-0.014}$ 部分的基本尺寸是____，最大极限尺寸为____，最小极限尺寸为____，上偏差为____，下偏差为____，公差为____。

(5) 图中 $\phi 130_{-0.039}^{-0.014}$ 外圆柱面的表面粗糙度 Ra 的数值小是因为该表面是____。

(6) ⌖ 0.050 A 表示被测部位为____，其对____公差为____。

(7) 补画右视图。

端 盖 比例 1:3 材料 HT200

上海大学

10-7 读零件图

看懂支架零件图，并作下列练习题。

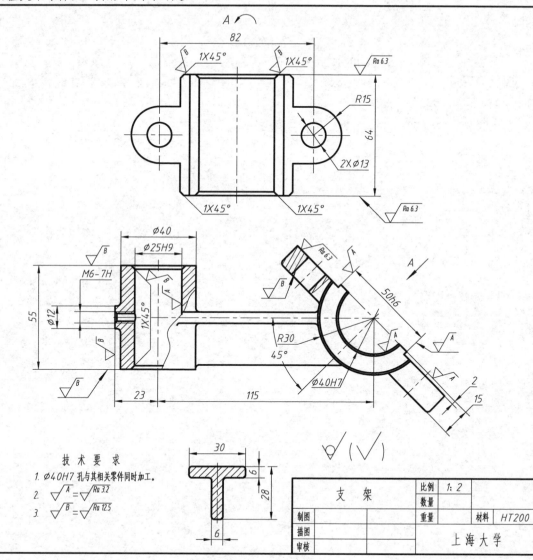

(1) 该零件的名称是_____，属于_____零件。选用材料是_____，牌号是_____，其中HT表示_____，200表示_____。

(2) 该零件共用___个图形表达，主视图采用_____剖视图是为了表达清楚_____结构。对于右端部分结构，采用了_____图，对连接肋板的截面形状采用了_____图。

(3) 1×45°的倒角共有___处。

(4) 零件上的定位尺寸有_____、_____、_____和_____。

(5) 零件上标注公差要求的尺寸有___处，它们分别是_____、_____、_____和_____。

(6) 查表得到50h6的上偏差为___，下偏差为_____，公差为_____，零件上要求表面粗糙度Ra为3.2 μm的共有_____。

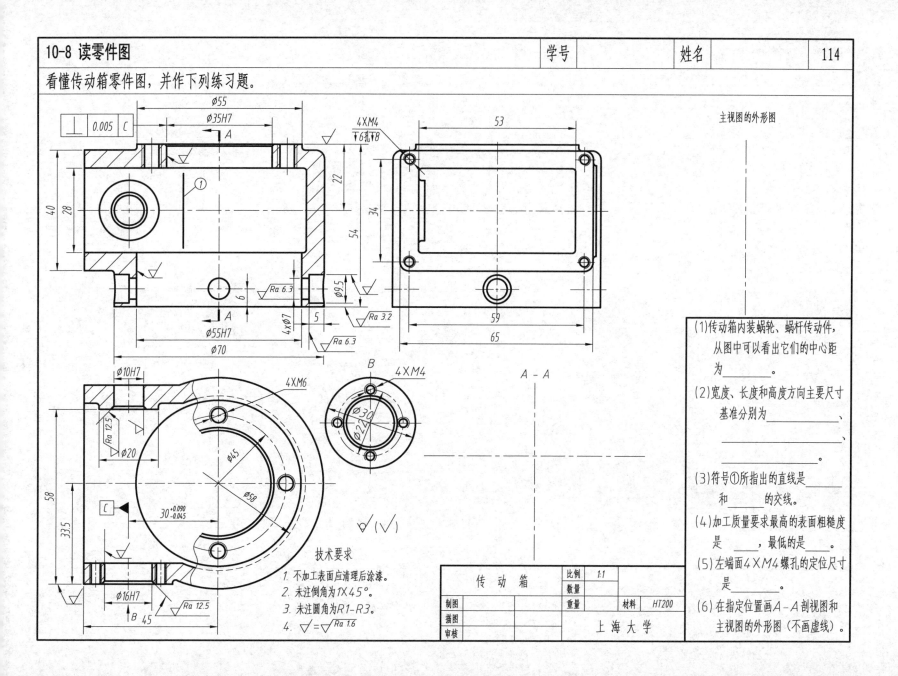

10-9 根据零件轴测图绘制零件图 | 学号 | 姓名 | 115

(1) 根据踏架轴测图看懂零件结构形状，选择适当的表达方法在A3图纸上画出零件图。材料HT200，未注圆角R1~R3，表面粗糙度如图所示。

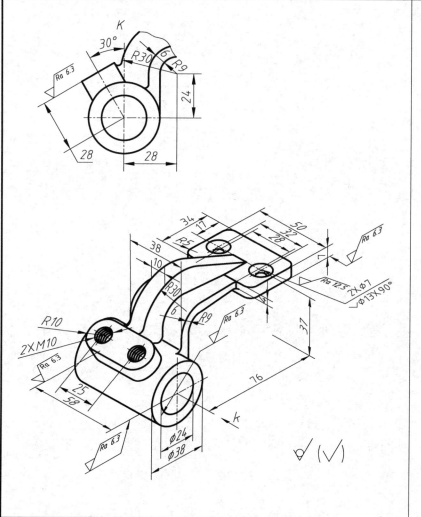

(2) 根据阀体轴测图看懂零件结构形状，选择适当的表达方法在A2图纸上画出零件图。材料HT150，未注圆角R1~R3，表面粗糙度如图所示。

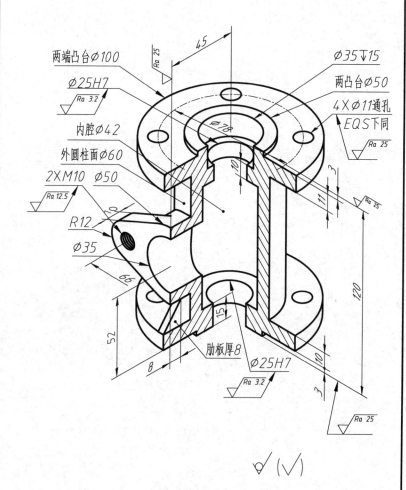

11-1 由零件图画装配图 —— 旋塞（一）

(1) 工作原理：

旋塞的两侧以螺纹连接于管道上，作为开关设备。装配示意图表示了开的位置，当锥形塞旋转90°为关闭。为防止漏油，在锥形塞与阀体之间绕上石棉绳，套上压盖，旋紧螺钉压紧。

(2) 作业要求：

①看懂旋塞的全部零件图和装配示意图，搞清各零件的装配位置和作用。

②按1:1在A3图纸上绘制旋塞装配图并要标注尺寸、零件序号，填写标题栏和明细表。

(3) 提示：

装配图可用两个视图表达，其中主视图采用全剖视图以表达装配关系，俯视图表达外形。

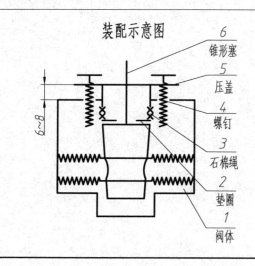

装配示意图

6 锥形塞
5 压盖
4 螺钉
3 石棉绳
2 垫圈
1 阀体

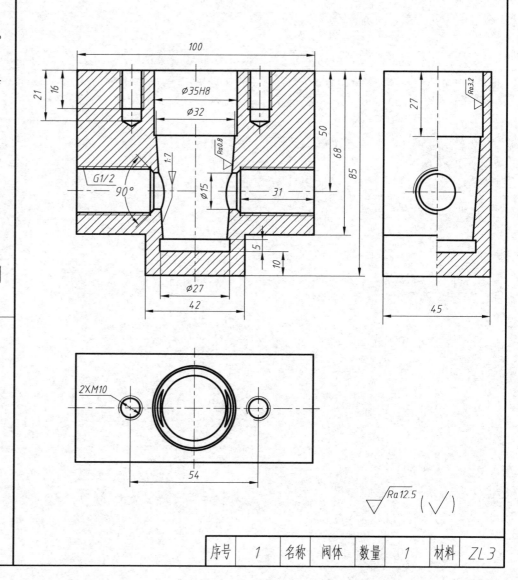

| 序号 | 1 | 名称 | 阀体 | 数量 | 1 | 材料 | ZL3 |

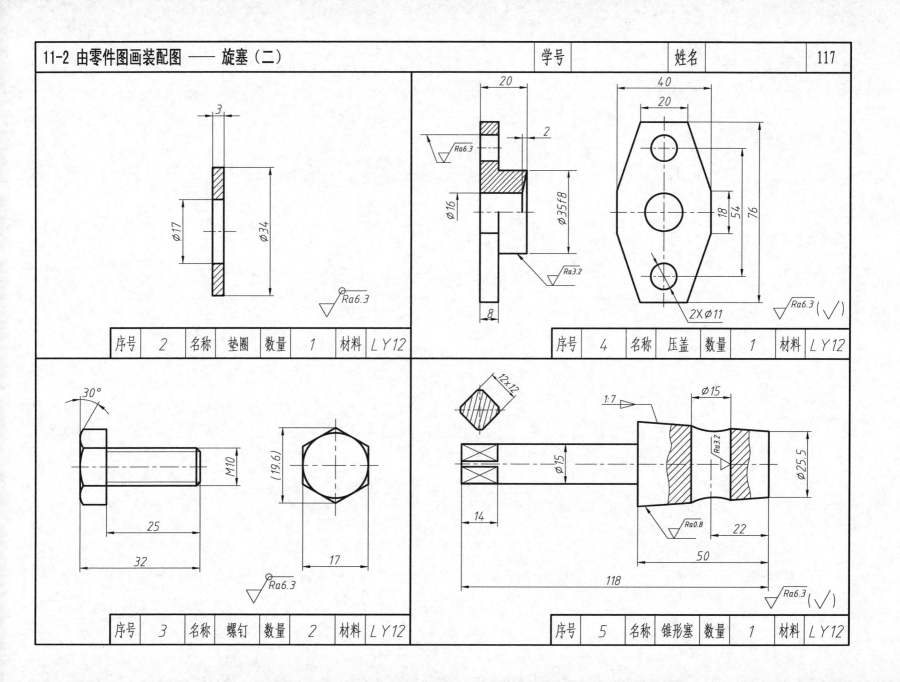

11-3 由零件图画装配图 —— 手动气阀（一）

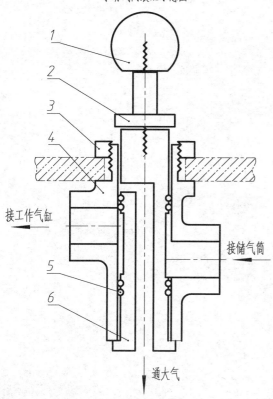

手动气阀装配示意图

接工作气缸

接储气筒

通大气

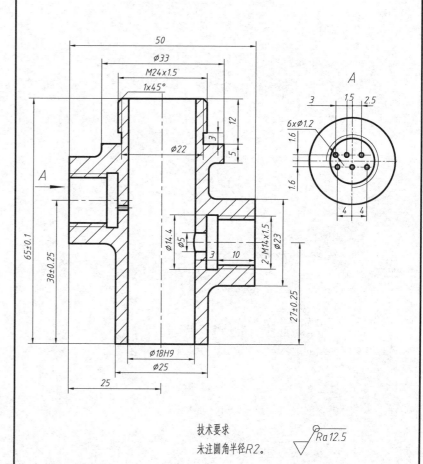

技术要求
未注圆角半径R2。

Ra12.5

手动气阀是汽车上用的一种压缩空气开关机构。

当通过手柄球（序号1）和芯杆（序号2）将气阀杆（序号6）拉到最上位置时（如图所示），储气筒与工作气缸接通。当气阀杆推到最下位置时，工作气缸与储气筒的通道被关闭。此时工作气缸通过气阀杆中心的孔道与大气接通。气阀杆与阀体（序号4）孔是间隙配合，装有"O"型密封圈（序号5)以防止压缩空气泄露。螺母（序号3）是固定手动气阀位置用的。

名称	阀体	序号	4
数量	1	材料	Q235

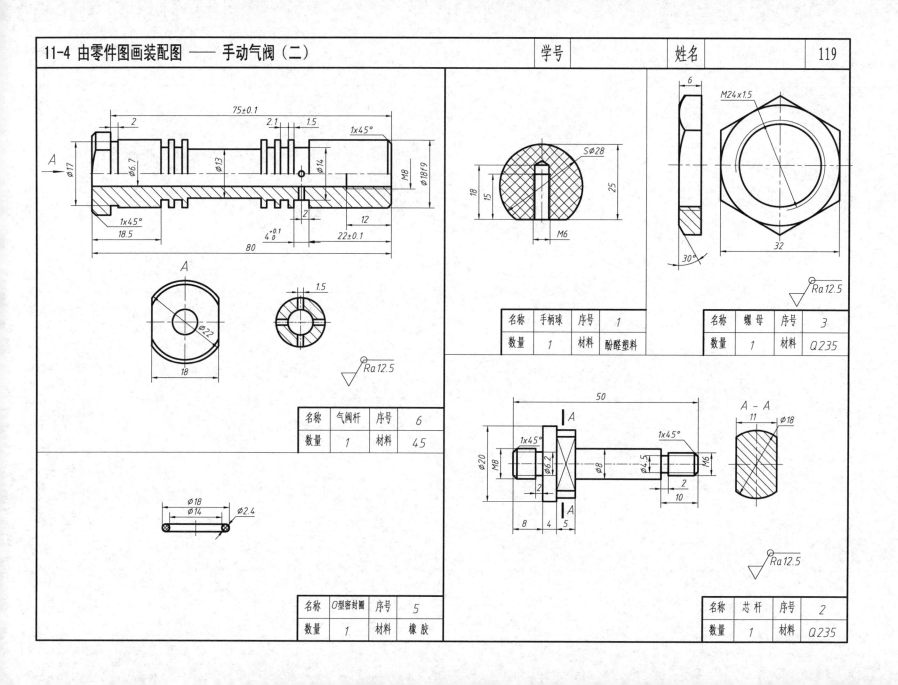

11-5 由零件图画装配图 —— 柱塞泵（一）

(1) 工作原理：

柱塞泵由外界动力带动齿轮11连同偏心轴3一起旋转。偏心轴右端装有柱塞4。柱塞装在圆盘5孔内。圆盘又安装在泵体1的空腔内。当轴旋转时，圆盘作顺、逆时方向小范围转动。同时，柱塞在圆盘孔内上下滑动。当柱塞往下滑动时，圆盘上端空腔形成真空，从而使液体从一孔口吸入。当柱塞向上滑动时，将液体从另一孔口压出。为防止渗漏，在泵体左端孔内和右侧面分别装进填料8和放置垫片6。

(2) 作业要求：

①看懂柱塞泵全部零件图和装配示意图，搞清各零件的装配位置和作用。

②按1:1在A2图纸上绘制柱塞泵装配图并标注尺寸、零件序号，填写标题栏和明细表。

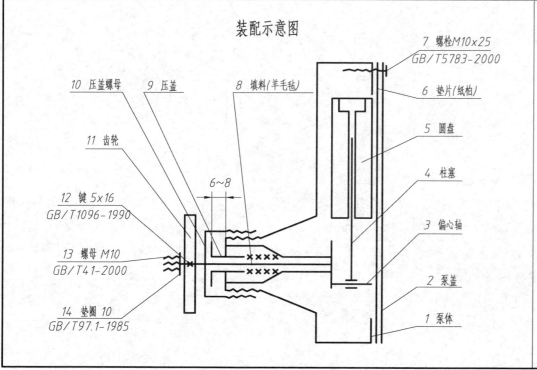

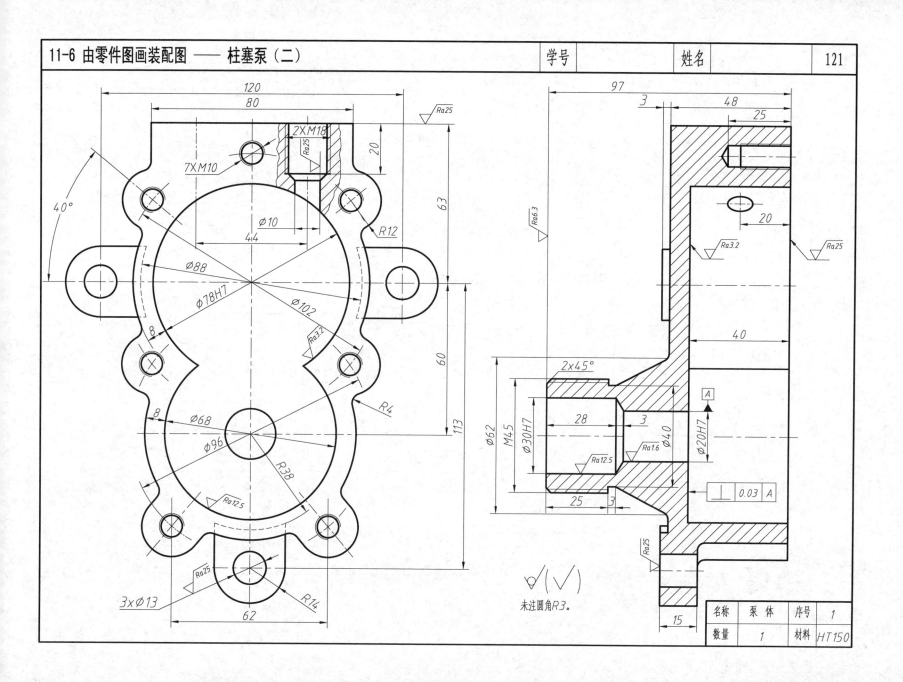

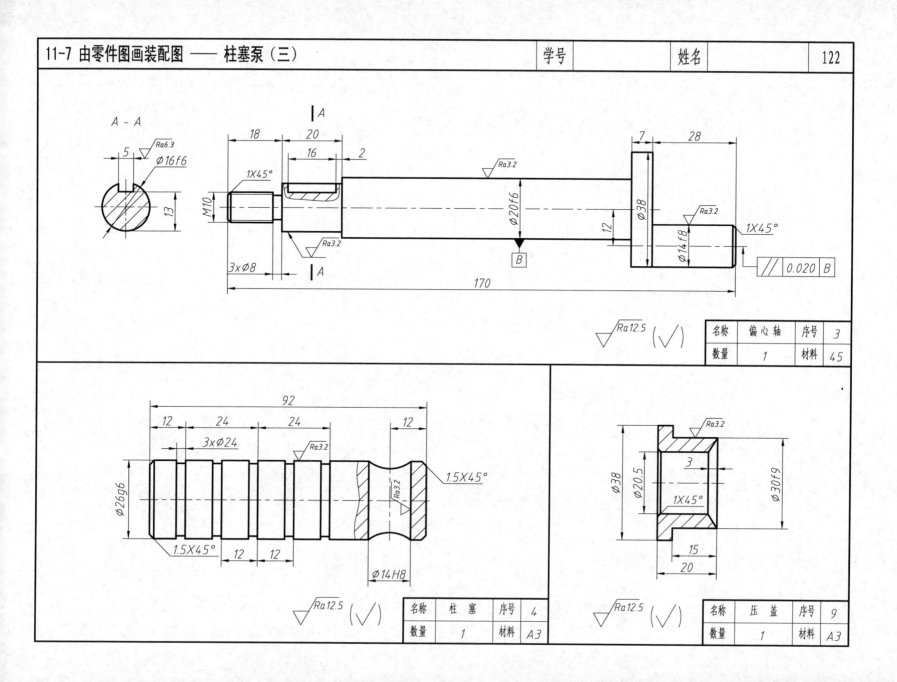

11-8 由零件图画装配图 —— 柱塞泵（四）

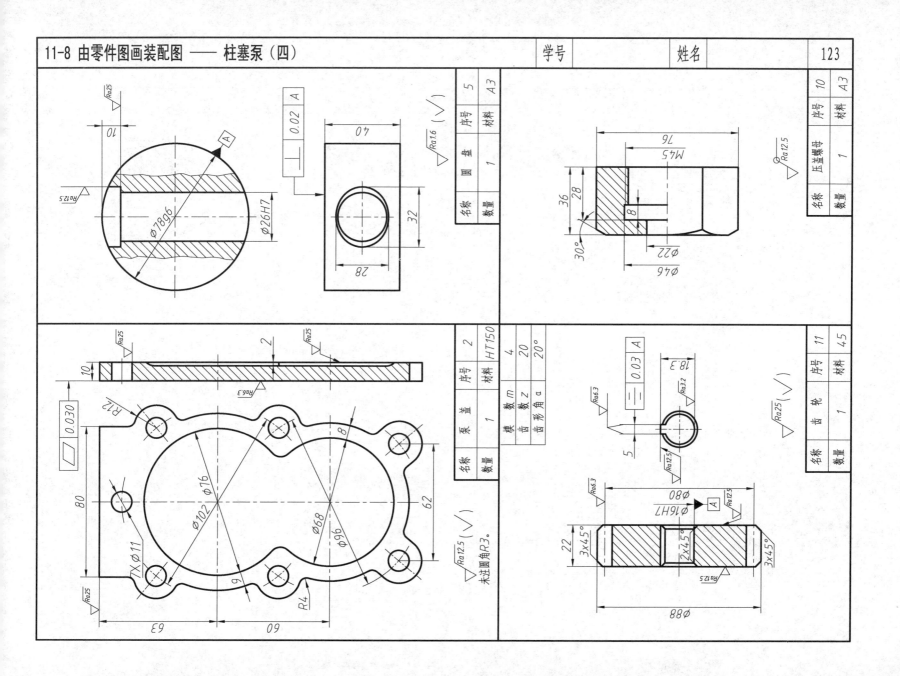

11-9 读装配图（一）拆画零件2、3、4

作业要求：
①按图1:1拆画支承座（2号零件），并标注全部尺寸。
②在视图中标注指定表面的表面粗糙度代号：ϕ16H7圆柱孔的Ra值为1.6μm，底面的Ra值为3.2μm。
③3号零件、4号零件，按1:1拆画，不标尺寸。

螺旋调节支座工作原理

螺旋调节支座是支撑轴类工件（见图中顶部的双点画线）所用的部件。在支承座2的左面有紧定螺钉1旋入，它可以顶入支承螺杆4上的键槽中，起导向作用。

调节螺母3的下表面与支承座2的顶面接触，当旋动调节螺母3时，使支承螺杆作上下移动。

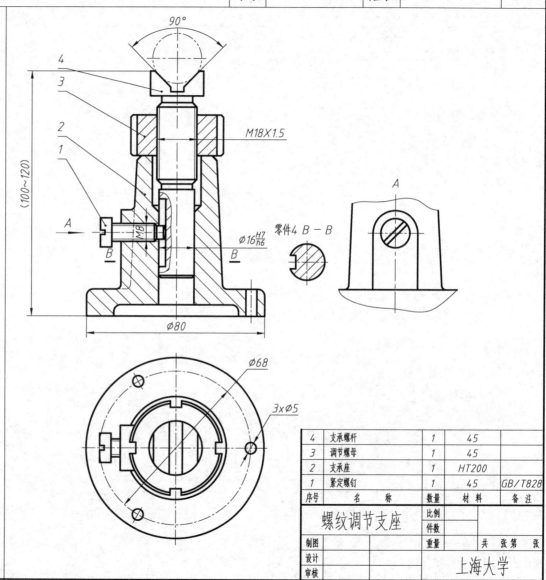

4	支承螺杆	1	45	
3	调节螺母	1	45	
2	支承座	1	HT200	
1	紧定螺钉	1	45	GB/T828
序号	名　称	数量	材料	备注

螺纹调节支座

上海大学

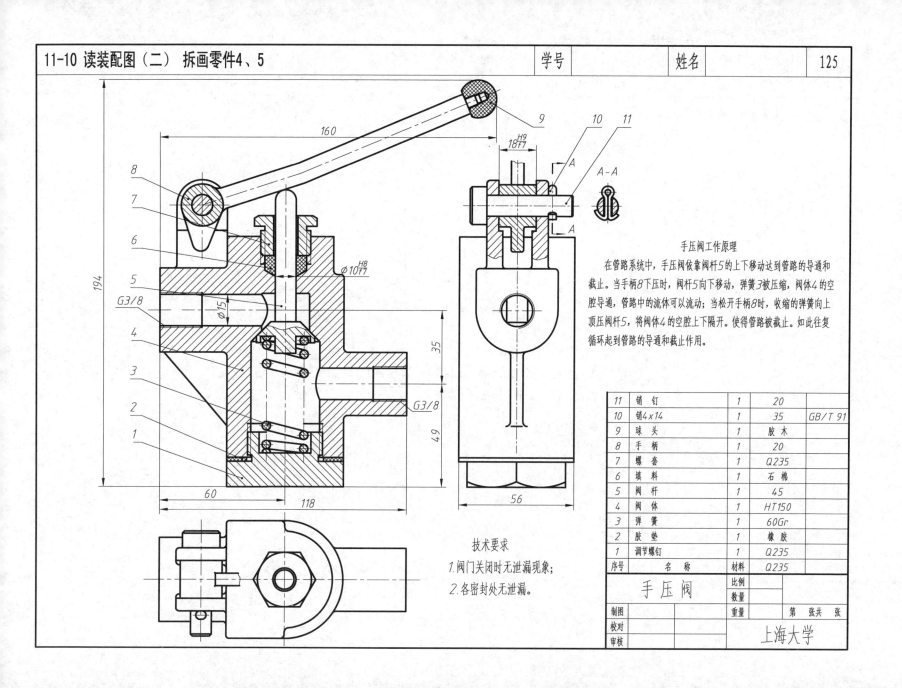

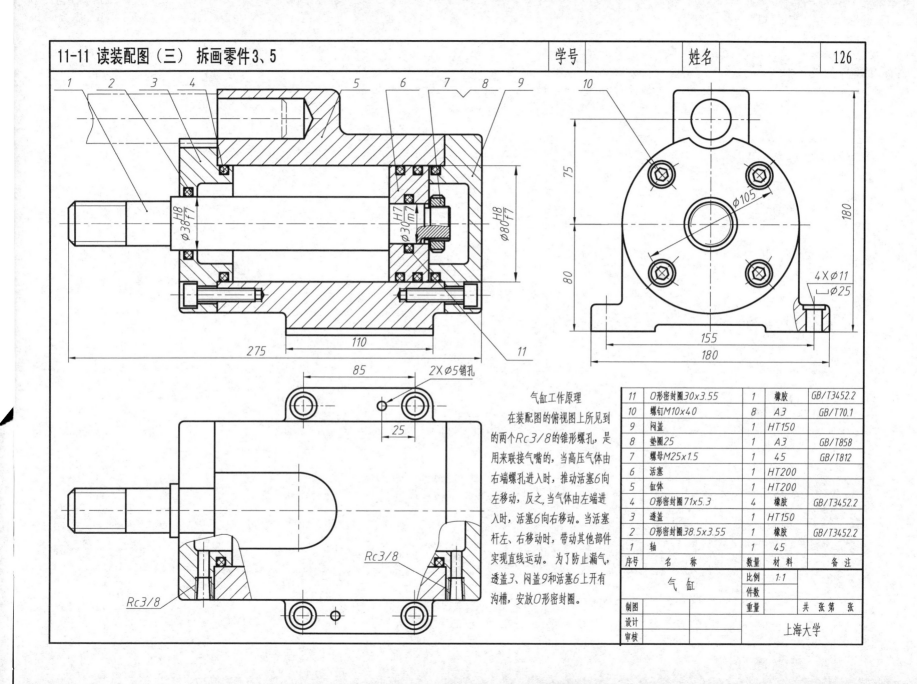

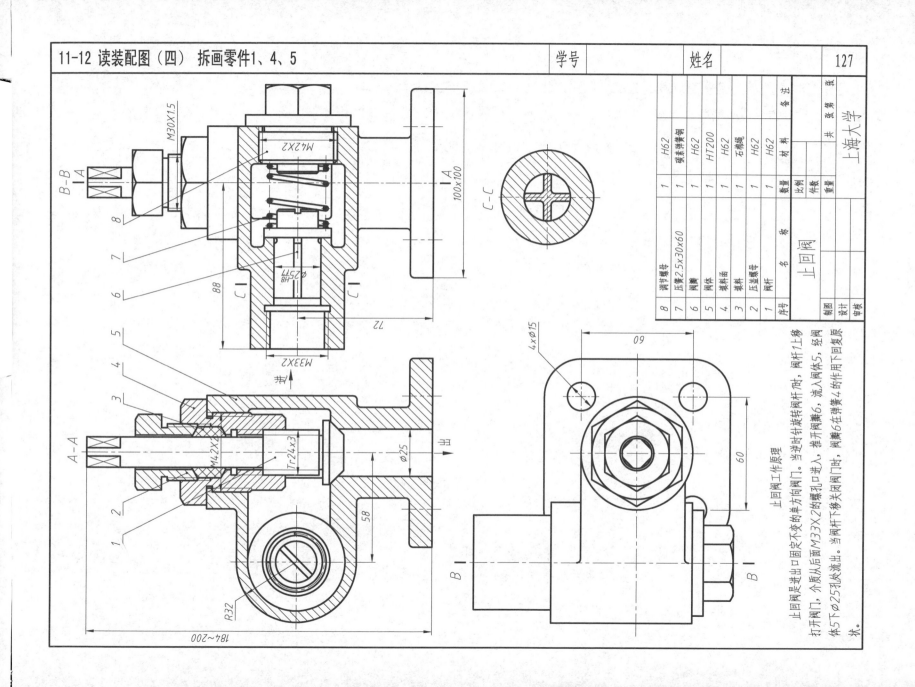

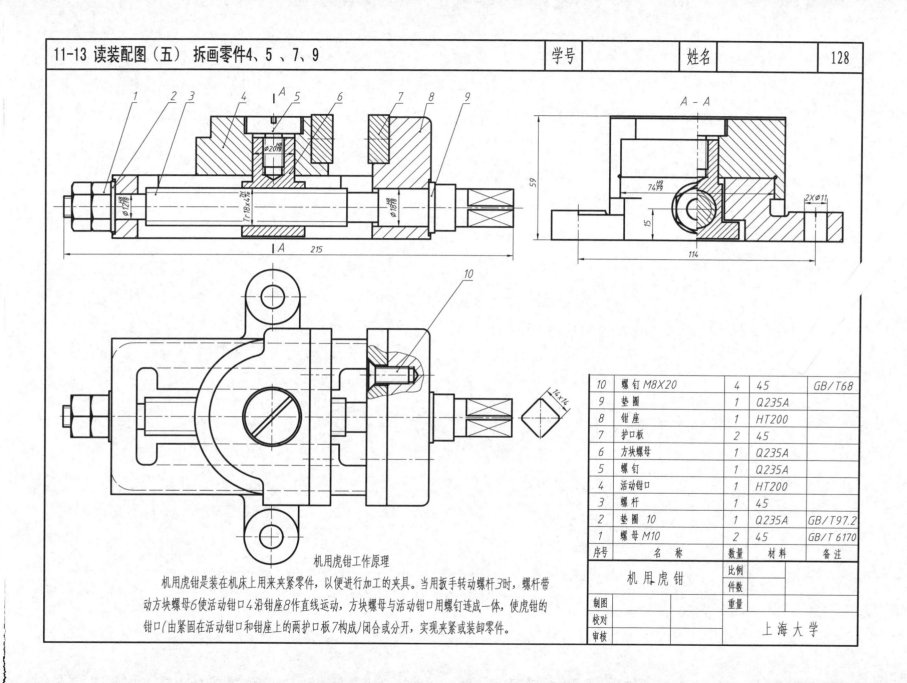

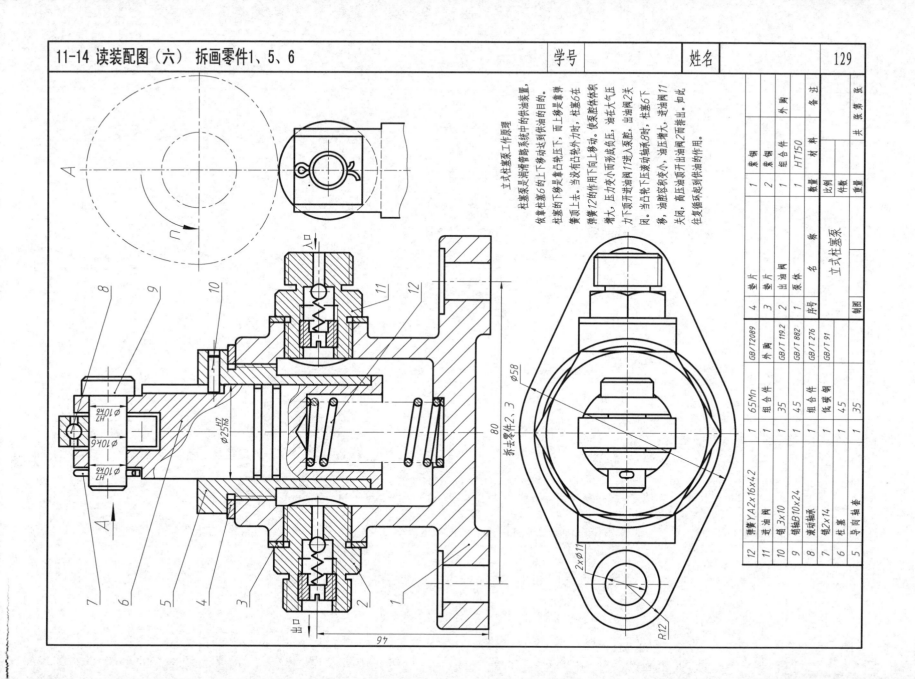